新时代智库出版的领跑者

智库中社

国家智库报告 2022（31）
National Think Tank

经　济

制造业机器人替代与数字化转型

蔡跃洲　马晔风　陈楠　著

ROBOT APPLICATION AND DIGITAL TRANSFORMATION
IN MANUFACTURING INDUSTRY

中国社会科学出版社

图书在版编目（CIP）数据

制造业机器人替代与数字化转型／蔡跃洲，马晔风，陈楠著．—北京：
中国社会科学出版社，2022.10
（国家智库报告）
ISBN 978 - 7 - 5227 - 0919 - 2

Ⅰ．①制…　Ⅱ．①蔡…②马…③陈…　Ⅲ．①机械工业—工业
机器人—研究　Ⅳ．①TP242.2

中国版本图书馆 CIP 数据核字（2022）第 184476 号

出 版 人　赵剑英
责任编辑　黄　晗
责任校对　朱妍洁
责任印制　李寡寡

出　　　版　中国社会科学出版社
社　　　址　北京鼓楼西大街甲 158 号
邮　　　编　100720
网　　　址　http://www.csspw.cn
发 行 部　010 - 84083685
门 市 部　010 - 84029450
经　　　销　新华书店及其他书店

印刷装订　北京君升印刷有限公司
版　　　次　2022 年 10 月第 1 版
印　　　次　2022 年 10 月第 1 次印刷

开　　　本　787×1092　1/16
印　　　张　10.5
插　　　页　2
字　　　数　105 千字
定　　　价　58.00 元

摘要：经过改革开放后 40 多年的持续快速发展，中国经济需求结构和劳动力结构已发生重大变化，加上资源生态环境等外部约束，迫切要求加快推动产业结构转型升级。近年来，无论是传统制造业，还是各类基于数字经济新模式、新业态的新兴服务业，都在加速推动机器人替代与数字化转型。机器人及其他数字技术的渗透应用为企业带来效率提升、品质提高和成本节约等有利影响的同时，也会对经济社会协调发展产生潜在的负面冲击。尽管学术界和业界都对数字化转型及机器替代给予了高度关注，但总体来说仍缺乏系统性的机制研究和扎实的数据支撑，特别是缺乏对中国现阶段国情特征的提炼。

在经济高质量增长和产业结构调整升级的背景下，中国机器人替代进程基本上是与企业数字化转型同步的过程，因此本课题在进行调研时，并未孤立地看待机器人替代现象，而是立足于制造业数字化转型的宏观背景，将机器人替代定位为实施数字化转型的重要手段和形式，对中国制造业数字化转型和机器人替代战略的实施状况开展系统性的调研和分析。在对机器人的定义和分类、机器人及其他数字技术发展现状和趋势做出明确界定和梳理后，通过田野调查、企业访谈、问卷发放等方式开展企业数字化转型与机器人替代状况调研，总结梳理了不同类型制造业企业数字化转型与机器人替代特征，分析了企业数字化转型和机器人替代的实施动机、成效等问题，并进一步探讨了推动机器人替代面临的障碍及存在的问题。基于案例分析和问卷调查结果，就中国制造业企业数字化转型与机器人替代的趋势、动力、效果以及面临的问题和制约，有以下主要判断。

（1）中国企业数字化转型和机器替代整体上还处于较低水平，代表工业 4.0 水平的标杆性"灯塔工厂"与工业 1.0、工业 2.0 并存。（2）制造业数字化转型和机器人替代是一个循序渐进的推进过程，这是由数字化建设成本、制造业技术工艺复杂度等因素共同决定的；（3）制造业不同领域的行业技术工艺特征及区域产业生态存在很大差异，数字化转型和机器人替代进程也由此形成鲜明的行业区域特点；（4）企业数字化转型意识增强，产业配套日益完善，为转型提供了基础性便利，数字化推进速度正在加快；（5）企业实施机器人替代，既有提高产品质量和竞争力的主动作为，也有"招工难"倒逼的被动应对；（6）数字化转型和机器人替代能够显著地"降本""增效"，且能通过提高产品服务质量来提升企业竞争力；（7）由于配套岗位增加、生产规模扩大等原因，"机器人替代"并未带来生产类岗位的显著减少，生产类岗位整体工资水平还有所提升；（8）此外，2020 年在新冠疫情冲击下，数字化程度较高的企业表现出更高的营收预期，而且疫情也提高了企业推进数字化转型和机器人替代的意愿。

尽管各地区、各领域不乏推动数字化转型和机器替代、实现提质增效的典型案例，但广大制造业企业特别是中小企业，在推动数字化转型过程中依然面临资金不足、人才短缺、技术制约等诸多挑战，即便是标杆性企业也依然面临技术和人才支撑不足、投入难以获得快速回报、产业生态制约数字化转型纵深推进等难题。宏观层面，中长期内依然存在出现"技术性失业群体"的风险。

上述发展态势表明，随着数字技术对传统制造业的快速渗透融合，机器人替代规模的扩大已经是必然趋势，未来须顺应趋势积极应对，防范大规模技术性失业带来的风险。一是要立足制造业企业数字化水平跨度巨大的现实国情，从完善公共服务、基础设施等外部环境入手，循序渐进推动企业数字化改造。二是加强数字人才培养和人力资本积累，为制造业高质量发展提供持久内在动力。三是加强对"技术性失业"高风险群体的社会保障，确保中低技能劳动力的平稳过度。

关键词： 机器人替代；数字化转型；替代动机；技术性失业

Abstract: After more than 40 years of sustained and rapid development after reform and opening-up, China's economic demand structure and labor force structure have changed significantly, plus the external constraints such as resource and ecological environment, accelerating the transformation and upgrading of industrial structure seems to be an urgent choice. In recent years, both traditional manufacturing industry and various emerging services based on new models and new forms of digital economy are accelerating robot application and digital transformation in general. The penetration and application of robots and other digital technologies can bring about beneficial effects such as efficiency improvement, quality improvement and cost saving for enterprises, but also have potential negative impacts on the coordinated development of economy and society. Although both academia and industry have paid great attention to the digital transformation and robot application as well as related labor replacement, there is still need for a systematic study on its influencing mechanism, solid empirical support and especially identifying & analyzing the characteristics of China's current national conditions.

In the context of high-quality economic growth and industrial structure adjustment and upgrading, the process of robot application and labor displacement usually converges with enterprises' digital transformation process, so our study does not isolate robot application, but regard it as an important implementing method & tool against the macroscopic background of manufacturing digital transformation, and conducts systematic research and analysis on the digital transformation and robot application of China's manufacturing industry. Our study begins from the definition and classification of robots, and the status quo & development trend of robot as well as other digital technologies. Field investigations, interviews and questionnairesurveys are carried out to investigatethe situation of enterprises' practices, summarize models of digital transformation and features of robot application for different types of manufacturing enterprises, analyze the motivation and effectiveness and further discuss the obstacles and problems in digital transformation and robot application. Based on the results from case studies and questionnaire surveys, the following conclusions are made on the trend, motivation, impact, problems and constraints of digital transformation and robot application facing China's manufacturing enterprises:

(1) The overall digital transformation and robot application of Chinese enterprises are still at a low level, and the

benchmarking "lighthouse factory", which represents the level of industry 4. 0, coexists with industry 1. 0 and industry 2. 0. (2) The digital transformation and robot application of manufacturing industry is a progressive process, which is jointly determined by the cost of digital construction, the complexity of manufacturing technology and other factors. (3) There are great differences in the technological processes of various manufacturing sectors and industrial ecologies of various regions, so the processes of digital transformation and robot replacement also form distinct sectoral and regional features accordingly. (4) Enterprises' awareness of digital transformation is enhanced and the industrial supporting facilities are improved, which provide better fundamentals for digital transformation, and the speed of digitalization is accelerating. (5) When enterprises implement robot application strategies, they not only take the initiative to improve product quality and competitiveness, but also act passively in response to "recruitment difficulties". (6) Digital transformation and robot application can significantly "reduce cost" and "increase efficiency", and improve the competitiveness of enterprises by improving the quality of products and services. (7) Due to the increase of supporting positions and the expansion of production scale, "labor displacement caused by robot application" has not brought about a significant reduction of production positions, and the overall wage level of production positions has been improved. (8) In addition, under the impact of COVID-19 in 2020, enterprises with higher degree of digitalization showed higher revenue expectations, and the pandemic also increased the willingness of enterprises to promote digital transformation and robot replacement.

Although there are many successful cases of digital transformation and robot application in various regions and sectors that have achieved quality and efficiency improvement, the majority of manufacturing enterprises, especially small and medium-sized ones, still face great challenges in the process of promoting digital transformation, such as insufficient capital, talent shortage and technological constraints. Even benchmarking enterprises struggle to resolve difficulties such as insufficient technology and talent support, difficulty in obtaining rapid returns on investment, and industrial ecology restricting the deepening of digital transformation. On the macro level, there is still a risk of "technological unemployment" in the medium and long term.

The above development trend shows that with the rapid penetration and integration of digital technology into traditional manufacturing industry, an expanding scale of robot application has become an inevitable trend. In the future, it is necessary to adapt to the trend and actively cope with the risks brought by large-scale technological unemployment. First, based on the reality that the digital level of manufacturing enterprises covers a large span, promote the digital transformation of enterprises in a progressive manner, starting from improving public services, infrastructure as well as other external constraints. Second, strengthen the training of digital talents and the accumulation of human capital to provide lasting internal impetus for the high-quality development of the manufacturing industry. Third, strengthen the social security for high-risk groups of "technological unemployment" to ensure a smooth transition for the low and medium-skilled labor force.

Key words: Labor Displacement by Robot, Digital Transformation, Motivation of Robot Application, Technological Unemployment

目　　录

一　导论

（一）调研时代背景及意义

1. 时代背景

习近平总书记在党的十九大报告中明确指出："我国经济已由高速增长阶段转向高质量发展阶段，正处在转变发展方式、优化经济结构、转换增长动力的攻关期。"总书记上述论断背后是中国经济发展正在面临的重大结构性变化及外部冲击。

经过改革开放 40 多年的持续快速发展，中国人均 GDP 于 2019 年超过 1 万美元，已接近高收入经济体水平，在推动需求结构升级的同时，也带来人力成本和工资水平的上升。更为严峻的是，2012 年中国劳动年龄人口首次出现下降后，中国人口劳动力结构便开始出现逆转性变化，支撑要素和投资规模驱动模式的人口红利加速消失，进一步推高劳动力成本。需求结构和劳动力结构的重大变化，加上资源生态环境等外部约束，迫切要求加快推动宏观产业结构转型升级。

机器人替代无疑是对冲劳动力成本上升、推动产业升级的重要抓手。而2015年前后加速演进的世界新一轮科技革命和产业变革，则为推进机器人替代提供了前所未有的机遇。以物联网、云计算、人工智能等为代表的新一代信息技术，将机器人由工业经济时代的电气化、自动化装置改造为具有感知能力和交互能力的智能化设备，机器人替代带来的效率提升和成本节约也更为显著。

2. 调研意义

近年来，在中国企业生产经营实践中，无论是传统制造业，还是各类基于数字经济新模式、新业态的新兴服务业，都在加速推动以数字化、智能化改造为基础的机器人替代，如制造业灯塔工厂中的各类装配机器人、电商物流业中的搬运机器人等。在传统行业，机器人替代已成为深入推进数字化转型的重要方向和重点内容；而在新兴的消费互联网领域，快速膨胀的平台经济所引致的劳动力聚集，也加剧了传统行业劳动力供给不足、成本高企的矛盾，进一步增加了企业数字化转型和机器人替代的激励和意愿。

数字化转型和机器人替代既能给企业带来效率提升、品质提高和成本节约等有利影响，也会对经济社会协调发展产生潜在的负面冲击。即便中国当下的机器人替代主要目标是为对冲人口和劳动力禀赋结构变化的负面影响，但转型和替代过程中，也不可避免会对部分人群带来直接的失业冲击，给数字化发展的包容性带来挑战。当前，机器人替代所带来的影响（例如对生产率、就业的影响）不论是在学术界，还是在业界都受到极大的关注，但总体来说仍缺乏系统性的研究和更有力的数据支撑，特别是缺乏针对中国现阶段国情特征的研究。因此，有必要对高质量发展和产业结构调整升级背景下机器人替代战略的实施状况进行深入的调研和分析。这不仅对数字经济的发展和产业结构优化具有重要的理论和现实意义，还能够为宏观政策的制定提供重要的参考。

（二）机器人的界定及其与数字化转型的关系

1. 机器人定义和分类

国际标准化组织（International Organization for Standardization，ISO）将机器人定义为"具有两个或两个以上轴、可编程的自动化装置，能够在环境中移动，并执行预订的任务"①，并将机器人分为两类：工业机器人（Industrial Robot）和服务机器人（Service Robot）。ISO 对工业机器人的定义为："工业机器人是一种自动控制的、具有重复编程能力的多功能机械手，这种机械手具有三个或者更多的几个轴，在工业自动化应用领域，它既可以在某处固定又可以移动。"ISO 对服务机器人的定义为："服务机器人是自动为人类或设备执行有用任务的机器人，不包括工业自动化应用领域。"国际机器人联盟（International Federation of Robotics，IFR）遵循了 ISO 关于机器人的分类，在对全球机器人发展情况进行追踪时，主要关注工业机器人和服务机器人的发展。工业机器人主要包括焊接机器人、搬运机器人、码垛机器人、包装机器人、喷涂机器人、切割机器人和净室机器人等；服务机器人主要包括家用服务机器人、医疗服务机器人和公共服务机器人。随着机器人技术的快速发展和应用场景的不断拓展，两类机器人的边界也变得越来越模糊。

2. 机器人的发展历程及特征

2017 年，IDC 国际数据集团和中国信息通信研究

---

① 来源于 ISO 8373：2012（en）Robots and Robotic Devices—Vocabulary，原文为：actuated mechanism programmable in two or more axes with a degree of autonomy，moving within its environment，to perform intended tasks。

院共同发布了《人工智能时代的机器人 3.0 新生态》白皮书①，把机器人的发展历程划分为三个阶段：机器人 1.0 阶段、机器人 2.0 阶段和机器人 3.0 阶段，并总结了不同阶段机器人的特征。

机器人 1.0（1960—2000 年）：对外界环境没有感知，只能单纯重现人类的示教动作，在制造业领域替代工人进行机械性的重复体力劳动。

示教再现：机器人控制系统将操作者预先编排示范的动作存储为运动指令，并通过逐条取出进行再现，并反复精确执行。

人机分离：机器人被隔离在生产流水线上，是单纯的生产设备，与人没有任何交互。

机器人 2.0（2000—2015 年）：通过传感器和数字技术的应用构建机器人的感觉能力，并模拟部分人类功能，不但促进了机器人在工业领域的成熟应用，也逐步开始向商业领域拓展。

局部感知：视觉、力觉等多传感器开始集成到机器人系统之中，帮助机器人识别工作对象的位置和周边环境的变化。

---

① IDC 国际数据集团、中国信息通信研究院：《人工智能时代的机器人 3.0 新生态》，http://www.caict.ac.cn/kxyj/qwfb/bps/201804/P020170808540572421125.pdf。

　　有限智能：数字化信息处理系统为机器人提供了基础的数据分析和逻辑判断能力，实现执行动作的自主修正和对操作指令变化的主动响应。

　　人机协作：应用领域扩大到工业和商业，人与机器人之间产生有限互动。

　　机器人3.0（2015—2020年）：在机器人2.0的基础上，机器人3.0将实现从感知到认知、推理、决策的智能化进阶。

　　互联互通：通过传感器等环境感知设备收集海量数据，快速传递到云端并进行初级处理，实现信息的有效分享。

　　虚实一体：虚拟信号与实体设备的深度融合，实现数据收集、处理、分析、反馈、执行、物化的流程闭环，实现"实—虚—实"的转换。

　　软件定义：收集的海量数据需要大量的智能运算，软件的作用愈发明显，3.0时代的机器人将向软件主导、内容为王、平台化、API中心化的方向发展。

　　人机融合：通过深度学习技术实现人机间的音像交互，乃至机器人对人的心理认知和情感交流。

（来源：《人工智能时代的机器人3.0新生态》）

2019年6月，英特尔公司、CloudMinds公司等机构联合发布的《机器人4.0白皮书：云—边—端融合的机器人系统和架构》指出，机器人3.0阶段预计在2020年完成，之后将进入机器人4.0阶段，这一阶段的主要特征是云和边缘计算的充分应用，机器人除了具有感知能力实现智能协作，还将具有理解和决策的能力，自主服务能力大幅提升[①]。

> 机器人4.0（2020年至今）：把云端大脑分布在从云到端的各个地方，充分利用边缘计算去提供更高性价比的服务，把要完成任务的记忆场景的知识和常识很好地组合起来，实现规模化部署。机器人除了具有感知能力实现智能协作，还具有理解和决策的能力，达到自主的服务。在某些不确定的情况下，它需要人对其进行远程增强，或者提供一些决策辅助，但是它在90%，甚至95%的情况可以自主完成任务。
>
> （来源：《机器人4.0白皮书：云—边—端融合的机器人系统和架构》）

从机器人发展演进和技术世代划分来看，2010年前后，中国进入工业化后期的机器人替代所涉及的机

[①] 英特尔、CloudMinds、新松、科沃斯：《机器人4.0白皮书：云—边—端融合的机器人系统和架构》，http：//cbdio.com/image/site2/20190703/f42853157e261e868e4d16.pdf。

器人，基本上都超越了作为示教再现的纯自动化装置机器人，即机器人1.0，而是以数字技术为支撑的、具有感知和人机交互能力的机器人2.0或机器人3.0。

3. 机器人替代与数字化转型

机器人替代和数字化转型是两个相互区别但又密切关联的概念。机器人替代主要是指机器人对人力的替代，其经历的时间跨度相比数字化转型要长很多。事实上，工业革命以来的历次技术革命，本质上都可以看作是自动化进程不断推进、机器对劳动力不断替换的历程，大致可以分为四个阶段。18世纪60年代至19世纪中叶的第一次工业革命，由水力和蒸汽机驱动的机械化生产开启了人类历史上首次大面积机器换人，对应于所谓"工业1.0"。19世纪后期至20世纪初，电力和电气自动化控制技术带来又一次的机器换人，加上标准化、流水线，使得工业进入大规模生产时代，即"工业2.0"。20世纪70年代后，电子信息技术加速发展，单片机等技术的广泛应用使得工业领域的自动化控制程度进一步提升，并开始出现柔性生产，更多一线手工操作岗位乃至部分脑力劳动也被机器人替代，对应于所谓"工业3.0"。2010年以后，物联网、大数据、人工智能等新一代信息技术加速推广应用，制造业的智能化程度进一步提升，更多脑力劳动被机器人所替代，美国、德国先后推出"虚拟网络—实体物理系统（CPS）"和"工业4.0"。数字化转型（或数字化建设）是以信息通信技术（ICT）特别是新一代信息技术对企业的生产经营各环节进行渗透和改造，实现生产经营效率的提升；其核心数字技术及比特数据与实物资本的融合，是20世纪70年代后集成电路、计算机、移动通信等现代ICT快速发展和应用的产物。

因此，中国产业结构调整升级背景下的机器人替代进程，基本上是与数字化转型同步的过程。企业数字化转型水平在很大程度上决定了机器人替代程度，从更广义的视角来看，数字化转型不是抽象概念，现实中需要物化于各种数字化元器件、装置、设备、软件、应用当中。具有感知和交互能力的机器人，本质上是早期示教机器人/自动化装置的数字化改造升级，并且是企业数字化系统的组成部分。从这个意义上讲，现阶段企业数字化转型和机器人替代是不可分割的，机器人替代是企业数字化转型的重要内容，而企业数字化转型也可以看作是一种广义的机器人替代过程。

（三）动力机制、潜在影响及调研思路

本节主要是从作用机制角度，结合宏观结构性变化和数字化转型的大背景，分析企业实施机器人替代

的动机、激励，包括被动替代和主动替代的原因，以及企业实施机器人替代和数字化转型战略所产生的潜在的宏微观影响。在此基础上，提出调研的基本思路、组织实施以及报告后续章节安排。

1. 机器人替代的动力机制

从宏观层面来看，机器人替代的动力机制与后工业化时代经济的结构性变化密切相关。首先，后工业化时代收入水平不断提高，人工成本快速增长，以劳动密集型为特征的第二产业、制造业有了机器人替代的基本动机。其次，收入水平提高带来需求升级，推动第三产业比重提升，导致鲍莫尔成本病，宏观运行效率、全要素生产率提升困难，突出表现在第三产业。以数字化改造为基础的服务机器人，是提高服务业运行效率，破解鲍莫尔成本病的重要途径。最后，消费升级带来对高质量产品和服务的需求，而机器人替代可以提高产品质量稳定性。

从微观层面来看，机器人替代已经成为企业数字化转型的新趋势。近年来，面对招工难、用工成本上升、员工流动性大和管理难度大等问题，企业开始积极主动开展机器人替代活动。机器人替代可为企业带来一系列利益，如产品质量稳定性提高；生产过程安全性提高；对工程师的依赖程度有所降低；生产过程全程数据透明化，便于明确责任；使用机器人后的生产线，人力成本、材料成本，维护成本也更低；提升企业自身形象；提升合作伙伴形象及可以更好地服务客户等。当前在诸多行业，机器人替代已经成为企业数字化转型的重要内容，对其实施状况进行调研，也有助于更好地了解不同行业数字化转型的发展趋势。

2. 机器人替代与数字化转型的潜在宏微观影响

（1）对经济发展和产业结构的影响日益显著

在支撑新一轮科技革命的新技术体系中，处于核心和主导地位的是以移动互联网、物联网、大数据、云计算、人工智能等为代表的新一代信息技术，这些技术的发展极大地促进了机器人（尤其是工业机器人）的研发。机器人作为新一代信息技术集成应用的代表性成果，其所具有的技术—经济特征（渗透性、替代性、协同性和创造性），对经济发展和产业结构的影响日益显著。首先，机器人的渗透性特征决定了机器人对产业结构的影响具有广泛性和全局性，即便当下的影响还是局部性的，但其渗透性特征意味着具备全局性影响的潜力。其次，替代性特征决定了"机器人资本"作为一种独立要素不断积累并对其他资本要素、劳动要素进行替代的过程；伴随机器人资本的积累，其对企业竞争力提升的支撑作用也将不断提升。

再次，协同性特征带来的投入产出效率或者说全要素生产率的提升，也会带来企业利润盈余的增加。最后，创造性特征将通过知识生产促进技术进步，最终也将体现为全要素生产率的增长。目前，关于机器人在不同行业、不同地区的发展现状及影响机制的研究尚处于起步阶段，对机器人替代战略的实施状况进行调研将为后续开展深入研究打下坚实的基础。

（2）为制造业高质量发展带来重大机遇

中国制造业经历了 40 多年的飞速发展，制造业规模全球第一，亟待实现"由大变强"的转变。当前，中国制造业正面临着发达国家"高端制造业回归"和发展中国家的"中低端分流"的双向挤压，过去依靠要素和投资规模驱动的发展模式难以为继，制造业的发展需要从劳动密集型的低端制造向技术密集型的中高端领域转型升级。在这样的背景下，机器人替代战略为制造业高质量发展带来了重大机遇，机器人的使用将极大地提高制造企业的核心技术和制造能力，帮助企业实现全面的数字化、智能化升级，提高中国制造业在全球价值链中高端的附加值和竞争力。对机器人替代战略的实施状况进行调研，将有助于了解制造业数字化转型中的问题和需求，从而更好地把握高质量发展机遇。

（3）有望成为应对人口结构变化的重要手段

2012年开始，中国劳动年龄人口首次出现下降，这意味着"刘易斯拐点"的到来，标志着人口红利正逐步消失。未来中国劳动人口总量下降趋势在很长时期内将不可逆转。与此同时，中国经济增速10多年来首次跌落至8%以下，且增长下行压力不断加大，并在2014年正式步入"经济新常态"。当前，产能过剩、人口老龄化、生产要素成本上升、收入分配恶化、内需萎缩等约束不断加强，机器人替代将是应对人口结构变化的一个重要手段。因此，对数字化转型和机器人替代战略的实施状况进行调研，有助于及时发现劳动力供需结构性失衡的关键领域，更好地应对劳动力危机。

（4）对就业的影响和冲击不容忽视

除了上述提到的积极方面，机器人等数字技术对就业的影响和冲击也不应被忽视。以全球第一大代工厂富士康为例，近年来富士康的员工数量在持续下降，从2012年的120万人下降到2017年的80.3万人，再下降到2018年的66.7万人。其中最主要的原因便是机器人的使用替代了大部分的人工操作。长期以来，制造业所容纳的就业人口在总就业人口中占据着很大的比重，制造业就业的稳定对整个社会的稳定具有重要影响。在机器人替代新形势下，服务业发展所带来的就业增量能否容纳被机器人替代的员工数量需要更广泛、有力的数据支持。因此，对机器人替代战略的实施状况进行调研，有助于全面、深刻地认识机器人替代对就业的影响。

3. 调研开展情况及后续章节安排

（1）调研开展情况

自 2019 年立项后，课题组克服新冠肺炎疫情的影响，前往福建泉州、浙江绍兴、江苏南京、山东青岛、上海张江、广东东莞、广东佛山、广西南宁、陕西咸阳、北京经济技术开发区等地，通过田野调查、企业访谈、发放问卷等方式开展企业数字化转型与机器人替代状况的调研。课题组以制造业企业调研为主，调研中了解到新就业形态的发展对制造业就业产生了较大冲击，成为制造业企业推动机器人替代的一个重要因素。为了更深入地了解新就业形态发展与机器人替代的现状，课题组前往滴滴出行、美团等互联网企业开展了调研。与此同时，课题组也从官方统计、行业协会、互联网平台、问卷调查多个渠道，收集整理数据资料，对调研结论进行更充分的论证和补充。

（2）报告内容安排

报告的内容安排如下：

第一部分，导论，介绍报告的研究背景、研究意义，对机器人的定义、分类和特征进行界定，梳理机器人替代的动力机制问题、潜在影响，提出调研思路。

第二部分，机器人与数字技术发展现状，梳理全球机器人发展现状、趋势和中国机器人的发展现状、趋势，另基于专利数据，梳理中国数字技术发展的整体状况及区域特征。

第三部分，数字化转型与机器人替代模式分析，基于企业实地调研，梳理不同类型制造业企业数字化转型与机器人替代的特征。

第四部分，数字化转型与机器人替代的状况及问题，基于收集的企业问卷数据，分析企业数字化转型和机器人替代的实施动机、实施成效等问题，并进一步研究推动机器人替代面临的障碍及存在的问题。

第五部分，数字化转型与机器人替代的未来趋势及对策建议，总结数字化转型与机器人替代的基本趋势，针对未来的发展提出意见和建议。

二 机器人与数字技术发展现状

近年来，全球机器人保有量呈现高速增长趋势，根据 IFR 2020 年公布的最新数据①，2019 年全球工业机器人存量 270 万台，是有记录来的最高值，2014—2019 年复合增长率高达 13%；服务机器人方面，2019 年私人服务机器人设备销量为 2320 万台，专业服务机器人 17.3 万台。工业机器人主要面向企业服务市场，对于企业数字化、智能化转型具有重要的推动作用，而服务机器人主要面向消费者市场，因此本研究将主要关注全球工业机器人的发展现状及趋势。本部分基于不同渠道的统计数据，从宏观层面整体性地描述展示全球及中国机器人及数字技术的总体情况、发展趋势，以及在国内不同行业、不同区域所呈现的异质性特征。

此外，中国的数字技术也经历了快速的发展和推

---

① 《国际机器人联盟（IFR）新闻发布会》，https：//ifr. org/down-loads/press2018/Presentation_ WR_ 2020. pdf。

广应用，新一代人工智能作为数字技术的重要分支，获得了各界高度关注。在中汽知识产权运营中心的数据服务支持下①，本研究使用国际专利分类（International Patent Code，IPC）和关键词检索相结合的方法，将中国国家知识产权局全量数据中属于人工智能技术范畴的相关专利进行提取和整理。本部分将从技术发展的时间趋势、地区分布等方面，描述和展示中国新一代人工智能技术的发展和应用现状。

（一）全球工业机器人发展现状及趋势

1. 全球工业机器人发展现状

（1）工业机器人保有量

伴随着全球制造业自动化、智能化进程不断深入推进，市场对工业机器人及其技术的需求大幅提升。2010年以来，全球工业机器人保有量稳步上升，2014年全球工业机器人保有量达到147.21万台，同比增长11%，并在此后一直保持着两位数的增长率，2019年保有量增加到272.2万台，如图2.1所示。

（2）工业机器人市场销量

全球工业机器人市场销量在2010—2018年保持快

_____

① 中汽知识产权运营中心是一家从事专利数据分析的专业机构，课题组向其购买了数据服务。

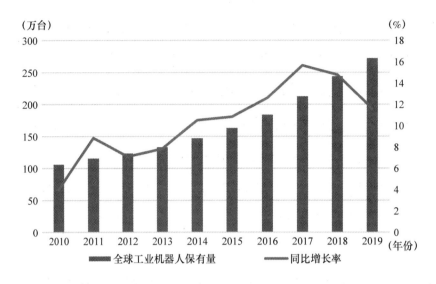

图 2.1   2010—2019 年全球工业机器人保有量及同比增长率

数据来源：《国际机器人联盟（IFR）新闻发布会》，https：//ifr. org/downloads/press2018/ Presentation_ WR_ 2020. pdf。

速增长态势，并在 2018 年达到峰值，如图 2.2 所示。但面对市场趋于饱和以及外部复杂多变的经济环境，近年来销量增速放缓，2019 年全球工业机器人首次呈现负增长，当年全球销量下降为 37.3 万台。

（3）工业机器人区域销售量

根据国际机器人联合会公布的数据，自 2014 年以来，亚太地区的工业机器人销售量远远高于美洲、欧洲地区的工业机器人销售量，成为全球工业机器人的最大的销售市场（如图 2.3 所示），主要源于中国、日本、韩国制造业数字化转型的快速推进。

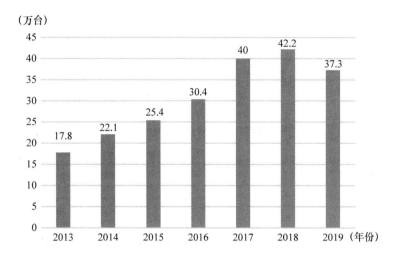

图 2.2   2013—2019 年全球工业机器人市场销量情况

数据来源：《国际机器人联盟（IFR）新闻发布会》，https://ifr.org/downloads/press2018/Presentation_ WR_ 2020.pdf。

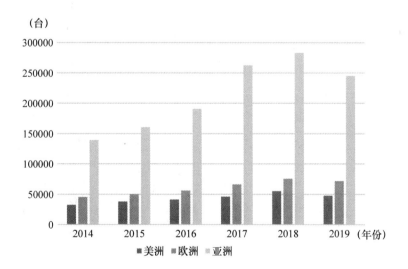

图 2.3   2014—2019 年欧洲、美洲、亚洲工业机器人销售量

数据来源：国际机器人联合会（IFR），《2020 年全球工业机器人报告》，2020 年。

（4）工业机器人应用领域

从应用领域看（如图 2.4 所示），2019 年全球工业机器人主要用于搬运和上下料领域（市场占比为 46.30%）、焊接和钎焊领域（市场占比为 20%）和装配及拆卸领域（市场占比为 9.80%），其中搬运和上下料的应用场景最为广泛，占据了市场近一半的份额。

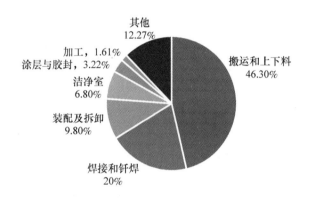

图 2.4 2019 年全球工业机器人的应用领域

数据来源：国际机器人联合会（IFR），《2020 年全球工业机器人报告》，2020 年。

从应用行业来看（如图 2.5 所示），汽车制造业、电气电子设备和器材制造业、金属加工和机械制造业、塑料和化学制品业以及食品制造业是工业机器人应用最多的五大行业，其中汽车制造业居于首位，2019 年在全球工业机器人应用中占比为 28.20%；电气电子设备和器材制造业在 2019 年全球工业机器人销量中占比为 23.50%。结合 2017—2019 年统计数据，汽车制造业虽一直是工业机器人的首要应用行业，但其全球销

量占比逐年降低，电气电子设备和器材制造业中工业
机器人销量在 2017 年达到峰值后连续两年占比下降，
而金属加工和机械制造业保持强劲增长态势，成为工
业机器人应用年均增速最快的行业。

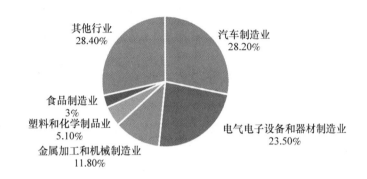

图 2.5 2019 年全球工业机器人的应用行业

数据来源：国际机器人联合会（IFR），《2020 年全球工业机器人报告》，2020 年。

2. 主要制造业强国的工业机器人发展现状

（1）主要制造业强国的机器人政策

机器人作为新一代信息技术的集成体，代表着技
术进步的前沿方向，可能会从根本上改变全球经济运
行方式。当前，在全球范围内，各主要经济体都将机
器人技术及产业发展视为国家战略的焦点，不断出台
并更新机器人发展战略。

美国在 2011 年正式启动"国家机器人计划"，旨
在建立美国在下一代机器人技术及应用方面的领先地
位。2013 年又发布了《机器人技术路线图：从互联网
到机器人》，强调了机器人技术在制造业方面的重要作

用。2017 年年初，正式发布《国家机器人计划 2.0》，
旨在通过支持基础研究，加快美国机器人技术发展
进程[①]。

欧盟在 2014 年启动全球最大的民用机器人研发计
划"SPARC"，计划投资 28 亿欧元来推动机器人技术
研发。2016 年，"2020 地平线"机器人项目正式开
启，面向工业（和服务）机器人的开发和运用。

日本在 2014 年发布《机器人白皮书》，明确政府
将大力推广机器人技术的运用和普及。2015 年日本国
家机器人革命推进小组发布《机器人新战略》，面向
下一代机器人发展技术，旨在实现创造世界机器人创
新基地、成为世界第一的机器人应用国家、迈向世界
领先的机器人时代等目标。

韩国在 2010 年发布《服务型机器人产业发展战
略》，旨在全球机器人市场中占有一席之地。2012 年
发布《机器人未来战略展望 2022》，计划到 2022 年实
现 25 万亿韩元的产业规模。2014 年发布《第二个智
能机器人行动计划》，目标进入"世界机器人三大强
国系列"。2017 年通过《机器人基本法案》旨在通过
确定机器人相关伦理和责任，应对机器人和机器人技

---

① 2016 年，150 多名研究专家共同完成《2016 美国机器人发展路
线图：从互联网到机器人》，对机器人技术的广泛应用场景做了综述，
其中包括制造业、消费者服务业、医疗保健、无人驾驶汽车及其防护等
内容。

术应用带来的社会变化，建立机器人和机器人技术的推进体系。

总体来看，全球机器人市场规模呈现持续增长势头，美国、欧盟和日本是机器人制造强国。在机器人软件技术和工业机器人发展方面，美国居于世界前列。除国家层面的战略规划和政策支持外，互联网企业巨头也在推动机器人技术研发、加快机器人智能化发展。早期欧洲机器人技术发展主要满足汽车制造和制造加工等行业需求，现已拓宽到满足灵活和个性化定制需要。因此，欧洲的机器人发展水平始终处于全球领先地位。作为一个电子产业极其发达的国家，日本在控制器、减速机、数控系统等关键零部件领域有着强大优势，机器人产业发展可与欧美相媲美。韩国机器人产业起步时间晚，受益于政府大力推动，发展速度较快，目前主要集中在"3C"领域①，特别是电子零部件领域。

中国也高度重视机器人领域的前沿技术创新和产业发展。2013年工信部发布的《关于推进工业机器人产业发展的指导意见》提出，中国要力争突破一批关键零部件制造技术和核心技术，形成较为完善的工业机器人产业体系。2015年《中国制造2025》进一步明

① 3C分别是计算机类（computer）、通信类（communication）、消费类（consumer）电子产品。

确机器人发展方向。2016 年《机器人产业发展规划
（2016—2020）》明确要求实现关键零部件取得重大突
破。在政策和市场的双重激励下，中国机器人产业及
应用均快速发展。自 2013 年成为全球第一大机器人消
费市场以来，机器人应用一直保持着领先地位，自主
品牌机器人销量占比持续上升，但在关键零部件技术
方面，与世界先进技术水平相比还存在着一定的差距。

（2）主要制造业大国的工业机器人发展现状

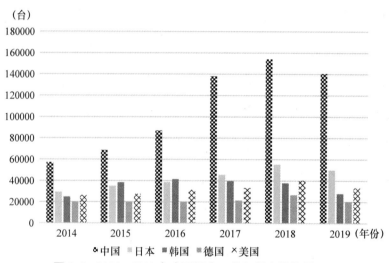

图 2.6　2014—2019 年主要国家工业机器人销售量业

数据来源：国际机器人联合会（IFR），《2020 年全球工业机器人报告》，2020 年。

（二） 中国机器人发展整体现状及趋势

1. 市场总体销量情况

根据中国机器人产业联盟（CRIA）的统计数据[①]，2013—2017 年中国工业机器人市场销量快速增长，五年时间销量翻了一番（如图 2.7 所示）。2018—2019 年，工业机器人市场销量出现轻微下降趋势，2019 年销量约为 14.4 万台，相比 2018 年下降 8.6%。其中自主品牌销量 4.5 万台，占中国市场销售总量的 31.25%，自主品牌销量增速持续放缓，但从市场占比来看，2016—2019 年中国自主品牌工业机器人市场销量占比不断提升。

2. 应用领域

从应用领域来看，中国工业机器人的主要应用领域是搬运和上下料，2019 年该领域销量占比高达 43.06%；其次为焊接和钎焊、装配及拆卸，2019 年市场销量占比分别为 23.61% 和 13.89%。搬运和上下料、焊接和钎焊、装配及拆卸在自主品牌和外资品牌市场中依然分别占据销量前三位，但在分布上略有差

---

① 中国机器人产业联盟：《2020 年中国工业机器人产业发展白皮书》，https：//mp. ofweek. com/ai/a856714337017。

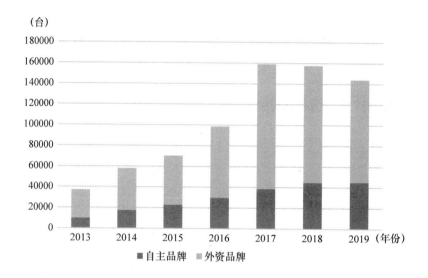

图 2.7　2013—2019 年中国工业机器人市场销售量

异（如图 2.8 所示）。自主品牌销售更集中于搬运和上下料，占自主品牌销售量的49.40%，反观外资品牌在排名前三的应用领域中表现更为分散。在涂层与胶封以及加工领域，自主品牌机器人销量与外资品牌不相上下，甚至超过外资品牌在中国市场的占比，但在其他领域中，外资品牌机器人表现出较强优势。

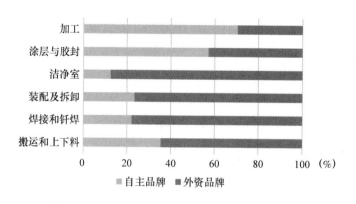

图 2.8　2019 年中国市场工业机器人市场占有率（分应用领域）

3. 行业分布

从行业分布来看，电气电子设备和器材制造业、汽车制造业、金属加工和机械制造业是工业机器人在中国市场的重要传统应用行业。如图 2.9 所示，在目前中国市场中，电气电子设备和器材制造业对工业机器人的使用量居于首位，2019 年新购置工业机器人 4.2 万台，占中国市场销量的 29.40%；其次为汽车制造业，2019 年销量为 3.3 万台，占全国市场销量的 22.90%；2019 年金属加工和机械制造业新增工业机器人 1.7 万余台，占全国市场销量的 11.90%。

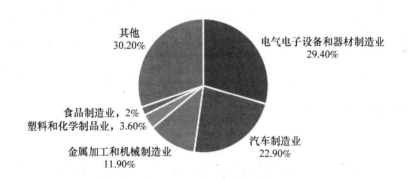

图 2.9　2019 年中国市场销售工业机器人应用行业分布

外资品牌工业机器人在中国市场的应用领域集中在电气电子设备和器材制造业以及汽车制造业，相对而言，自主品牌工业机器人的应用领域集中度较低。2019 年，自主品牌工业机器人应用已扩展到国民经济

45 个行业大类中的 135 个行业中类，应用范围进一步
扩大。从销量看，传统的通用设备制造业、计算机通
信和其他电子设备制造业、汽车制造业、金属制品业
及电气机械和器材制造业使用工业机器人数量最多，
分别占 2019 年自主品牌工业机器人总销量的 18.1%、
17.9%、9.6%、8.4% 和 6.6%，其他行业工业机器人
使用量共计占销量的 39.4%。相比以往，2019 年自主
品牌工业机器人涉及行业还新增了黑色金属冶炼和压
延加工业、道路运输业和科技推广与应用服务业等
行业。

按照机器人应用行业进行分类，自主品牌工业机
器人在金属加工和机械制造业及塑料和化学制品业的
市场占有率超过了外资品牌，但在电气电子设备和器
材制造业、汽车制造两大传统重要行业中，外资品牌
仍然保持较强优势（如图 2.10 所示）。

（三）中国重点地区工业机器人
发展现状及趋势

中国机器人产业联盟（CRIA）的统计数据[①]显示，
2016 年以来华东和华南地区一直是中国自主品牌工业

---

① 中国机器人产业联盟：《2020 年中国工业机器人产业发展白皮
书》，https：//mp.ofweek.com/ai/a856714337017。

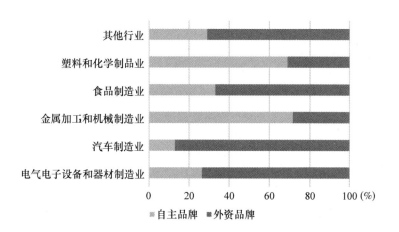

图 2.10　2019 年中国市场工业机器人市场占有率比较（分行业）

机器人最大的两个销售市场，流入这两个区域的国产工业机器人数量超过全国销售总量的50%（如图2.11所示）。2019年，销往华东地区的国产工业机器人数量占比为40.9%，居全国首位；华南地区和华中地区次之，分别为17.1%和6.5%；除东北、华中和西北地区销量保持增长外，其他地区都有不同程度的下降，其中华北地区降幅最大，达31.3%。结合近三年数据，华东地区和华南地区虽然保持着前两名，但增速和占比都在不断下降，同时华中、东北和西北地区销量增速稳步攀升。

　　应用领域方面，大部分区域都以搬运和上下料机器人为主，但装配及拆卸以及焊接和钎焊领域机器人的应用也十分广泛，如2019年华中地区用于装卸和拆卸的机器人销量占比超过搬运和上下料领域排在首位，2018年西南地区在焊接和钎焊领域使用量也比较高，

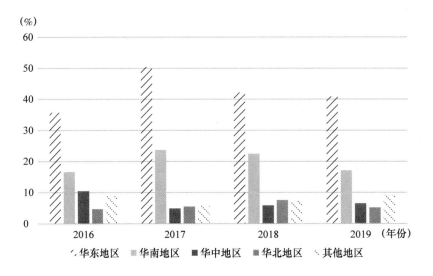

图 2.11　2016—2019 年国产工业机器人销售情况区域占比

比例达 34.8%，2017 年东北地区在焊接和钎焊领域使用比例达 39.2%。

（四）中国数字技术发展整体趋势

相较于传统的信息通信技术，数字技术（即新一代信息通信技术）的快速发展以数据资源的海量积累、算法算力的优化提升为基础和特征，以机器学习算法为核心的新一代人工智能技术是数字技术的典型代表。因此，本节使用人工智能专利申请和授权统计量表征技术在中国的发展和渗透应用趋势。

1985—2019 年，中国人工智能专利申请和授权统计量逐年上升，且近十年增速显著提升（如图 2.12 所示）。① 1985—2008 年，中国人工智能领域的相关专利数量十分有限，没有明显波动。2008 年前后，特别是 2010 年以来，人工智能专利申请量开始快速增长，增幅不断扩大。2019 年中国人工智能专利年申请总量已达到 283712 件，是 2010 年申请量（30977

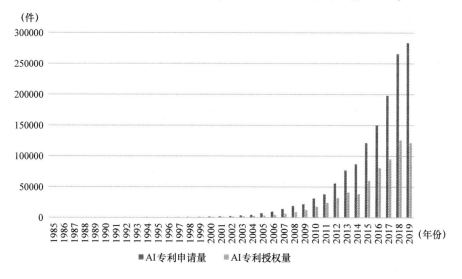

图 2.12　1985—2019 年中国人工智能专利申请量和授权量

件）的 9.2 倍。人工智能专利授权量保持了基本相似的增长趋势。自 2010 年以来，大约半数的人工智能专利申请获得了授权；2019 年中国人工智能专利的年授权总量达到 121543 件，占同年申请量的 42.84%，是

---

　　①　中国专利自申请到公开最长需要 18 个月时间，目前 2020 年和 2021 年的专利数据并不完整，还有部分专利条目未被收录。因此，本报告不对 2020 年和 2021 年专利数据进行展示和分析。

2010 年授权量（17805 件）的 6.8 倍。这反映出国内新一代人工智能的技术创新和商业化应用在 2010 年前后进入爆发期，专利数量逐步积累至可观规模，技术发展热潮持续升温。上述专利数据特征，与中国新一代人工智能技术发展、人工智能企业数量、相关领域投融资规模等客观事实的时间趋势相互吻合①，也从一定程度上佐证了本研究所使用专利数据的合理性、可靠性。

（五）中国数字技术发展区域特征

　　尽管近年来中国人工智能技术的发展势头强劲，专利统计量逐年攀升，但是技术发展依然面临较为严重的区域不平衡问题。图 2.13 展示了 1985—2019 年，中国 31 个省（自治区、直辖市）人工智能专利授权量及全国占比。排名前五位的省（自治区、直辖市）依次为广东、北京、江苏、浙江、上海，全部位于东部地区，且这五个省（自治区、直辖市）人工智能专利授权量之和占全国的 58.66%。而排名后五位省（自治区、直辖市）的授权量之和不足全国的 1%。由

---

　　① 中国人工智能产业发展联盟：《人工智能助力新冠疫情防控调研报告》，http://www.aiiaorg.cn/uploadfile/2020/0324/20200324060228591.pdf；中国信息通信研究院：《2017 年中国人工智能产业数据报告》，http://www.199it.com/archives/692603.html。

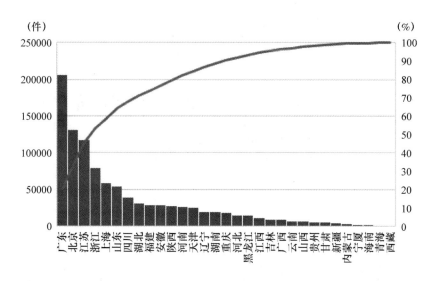

图 2.13　中国 31 个省份人工智能专利授权量及全国占比

此可见，中国人工智能技术发展存在较为严重的区域不平衡特征。经济领先的东部地区，人工智能技术发展较快，更易获得相关技术收益；相对落后的省份受要素投入、经济规模、市场开放程度等因素影响，技术发展速度缓慢，进一步制约区域经济增长。

三 数字化转型与机器人
替代模式分析

本部分按照行业及企业特征，从调研的 20 余家企业中选取了具有代表性的 17 家企业，并对代表性企业的数字化转型及机器人替代实施的基本情况、实施动力、策略方案、效果影响等方面进行梳理总结，提炼出企业推进数字化转型与机器人替代的主要模式及特征，主要包括长流程连续型企业、半流程半离散企业、纯离散型企业、中小企业、数字化服务提供商五个大类，下文将进行具体分析。

（一）长流程连续型企业数字化
转型与机器人替代

1. 南京南钢钢铁联合有限公司

（1）企业基本情况

南京南钢钢铁联合有限公司（以下简称南钢）始

建于 1958 年，是国家战略布局的 18 家重点钢铁企业之一。1996 年南京钢铁厂进行公司制改革，成立南京钢铁集团有限公司。2003 年 4 月，南京钢铁集团有限公司进行了"三联动"改革，整体改制并与上海复星集团合资成立南钢。南钢目前拥有南京和宿迁两个钢铁产品生产基地，具备从矿石采选、炼焦、烧结、炼铁、炼钢到轧钢的全套生产工艺流程，中厚板领域产品达到国内国际先进水平，工艺装备也已实现大型化、现代化和信息化。2020 年南钢生铁、粗钢、钢材产量分别为 1041 万吨、1158 万吨、1020 万吨，营业收入为 531.23 亿元，利润总额为 38.79 亿元，净利润为 28.46 亿元，员工总人数为 1.05 万人。

（2）企业数字化转型历程

南钢的数字化转型开始于 2004 年，最初主要是做信息系统的搭建，2004 年与韩国浦项合作 MES 上线，2008 年 ERP 上线。早期数字化转型的技术运营主要走外包合作路线，并利用自学习、自迭代、自进化等方法来对数字化技术不断迭代升级。2010 年，南钢制定了"做强钢铁主业，加快转型发展"的"十二五"转型发展规划方案，希望通过信息化建设、数字化制造助推管理升级，自此数字化转型提升到公司战略层面。南钢搭建了以 ERP 系统为主体的信息化平台，平台由 10 大领域、80 多个子系统和 60 个支撑系统集成，旨在实现"高效率生产、低成本制造"。南钢将数字化转型与环保绿色生产理念相结合，积极探索连续流程型产业绿色数字化转型模式。

①产业智慧化

产业智慧化主要面向工厂内部生产过程，服务于内部管理。具体措施包括：搭建工业互联网平台，建设一体化智慧中心和智能工厂（南钢 C2M 智慧钢厂），实现研发、生产、采购、营销、物流、决策等方面的互联互通；通过模型实现精准炼铁、数字化炼铁；通过 C2M 云商平台来实现自动分单、科学调度；通过产业链协同来打通上下游供应链，供给端从供应链向完备的供应网升级；通过原材料智慧供应链来做到全流程可视化；通过人工智能算法，来实现人脸识别智慧安防和废钢质量智能识别。如今铁区数字化已经基本完成；未来轧钢更为复杂，数字化转型更为困难，仍在探索当中。总体来说，南钢通过推动产业智慧化来实现传统产业向生产与用户服务型产业的转型。

②智慧产业化

智慧产业化通过发展旗下新产业子公司，以金恒科技、钢宝股份、鑫智链科技、鑫洋供应链等为核心平台，将数字化转型过程中沉淀的技术、产品和服务能力向外输出，为社会赋能。金恒科技是南钢数字化转型能力输出的代表公司，提供"两化"融合智能制造整体解决方案。公司在 ABB、库卡等基础上进行集成开发，现有 150 多项专利。2016 年开始对外提供机器人产品，对外提供钢铁行业"两化"融合的咨询服务，并相继提供工业软件、机器人、AI、云平台（私有云）、物联网等服务。

③先进数字化技术

南钢在已有信息自动化体系基础上，积极探索高级计划排程技术、信息物理技术、射频识别技术、仿真技术、冶金智能机器人等关键技术的攻关应用，实现产品规模化生产与定制式制造相融合的钢铁智能化制造，同时提升品种高效研发、柔性化生产、快速分析决策等能力，做大做强智能化制造体系。

（3）企业机器人替代的实施情况

2015 年开始推进机器人集成应用，成功开发出测温取样、冲击上下料、标牌焊接、自动加保护渣、无人行车、桁架库管理等多个具有冶金行业代表性的机器人系统，实现了炼铁、炼钢、轧钢、精整、实验室等多工序覆盖。在冶金机器人应用研发方面已经申请专利 37 项，在无人抓渣行车、测温取样、冲击上下料、拉伸上下料、标牌焊接等机器人系统集成开发多方面为国内首创。自主集成的冶金机器人系统入选国家工信部 14 个"首批中德智能制造合作试点示范项目"，冶金机器人集成应用解决方案获得"全国信息化最佳解决方案奖"。

（4）实施数字化转型和机器人替代的效果和影响

随着数字化转型和机器人替代战略的推进，南钢钢铁产量增加的同时（1200万吨到1400万吨），企业员工人数在减少（从9200人压缩到5000人）。另外，制造过程的智能化和智慧铁区（无人驾驶和无人机车）、智慧技术支撑组织的扁平化（提升运营的效率），提速了企业员工岗位的替换和减少，也在进一步压缩企业员工人数。

"十三五"时期，南钢在对国内国际形势预判的基础上做出企业智能化、数字化转型决策。现如今每年引进人才500—600人，包括对设备的管理人才。未来，随着一批老员工退出，引进、在岗培训数字化人才，其中会加大高端数字化人才引进力度，力争实现公司人才的"OT + DT + IT"耦合。目前一线操作人员5000—6000人，综合年支出14万元/人，待遇有竞争力，人员流动率较低。

2. 彩虹集团新能源股份有限公司

（1）企业基本情况

彩虹集团新能源股份有限公司（以下简称彩虹新能源）是由彩虹集团有限公司控股的港股上市公司，其前身是彩虹集团电子股份有限公司。公司于2004年

9 月在咸阳注册成立，2004 年 12 月在香港联合交易所主板挂牌交易，2016 年完成名称变更。2012 年底，控股股东彩虹集团公司与中国电子信息产业集团有限公司重组方案获国务院国资委批准，彩虹集团公司以无偿划转方式整体并入中国电子。受产业颠覆性技术变革影响，彩虹新能源自 2006 年开始转型，近年已实现由传统彩色显像管产业向太阳能光伏玻璃等新产业的转型，主要生产基地位于咸阳、合肥、延安、上饶等地，日均产能已达到 2400 吨，规模位居全行业第三。2020 年，公司营业收入为 25.05 亿元，净利润为 2.20 亿元。

在核心技术领域，彩虹新能源积极响应国家光伏清洁能源号召，建成全球最大的 850 吨/日全氧燃烧窑炉，具有低能耗、低排放、高效率等诸多优点。主动承担科技攻关任务，形成多项自主知识产权，关键技术已达到国际先进水平，其中窑炉结构设计、工艺控制技术处于国际领先水平，对国内新能源产业发展起到重要的技术引领作用，经济及社会效益明显。

（2）企业数字化转型历程

彩虹新能源围绕"降本、提质、增效"三大主题，以不同发展阶段的实际需求为导向，逐步推进企业的自动化、智能化、数字化建设，具体可以分为以下三个阶段。

①自动化改造阶段即使用机械臂等自动化设备替代了大量劳动岗位，保证生产线玻璃码垛、装包等环节无需人工操作，避免了因操作失误而造成的玻璃损坏等问题，降低了生产线员工的劳动强度，提高了生产效率。在自动化改造阶段，彩虹新能源也初步实现了产线各子系统的链接。

②智能化升级阶段即伴随生产规模的不断扩大，开始出现资源优化配置、突发事故应急处理等业务需求。彩虹新能源对生产线进行整体工艺布局，为每个环节的智能化升级改造进行设备选型，并与设备供应商一起进行智能化方案设计和实施，确保智能化技术与生产工艺的有效匹配。

③数字化转型阶段即现阶段，企业已基本具备生产数据全流程采集等转型前提，也拥有彩虹工业智能、中电互联、中电九天等集团内部子单位的转型技术支撑。然而，以工业互联网为代表的全系统数字化转型依然难以实现实质性推进。企业数字化转型所面临的组织架构和管理机制转型难度，要远远高于技术改造本身。

（3）企业机器人替代的实施情况

2010年，彩虹新能源建成第一条光伏生产线，用工量大，人工操作失误造成的企业损失也较大。随着生产线玻璃面积越来越大，人工操作精度差、效率低，带来码垛不齐、难以打包、玻璃破损等问题，由此导致企业生产效率低下、产品质量不稳定。为此，彩虹新能源开始推进机械臂等自动化设备替代，在玻璃码垛、装包等环节实施"机器人替代"，避免了因人工操作失误而造成的玻璃损坏等问题，降低了生产线员工的劳动强度，提高了生产效率。

（4）实施数字化转型和机器人替代的效果和影响

彩虹新能源第一条光伏生产线于 2010 年投产，产能 250 吨/日，用工 700 人，精度差效率低、产品质量不稳定。转型改造完成后，2020 年在上饶投产的最新生产线，产能已达到 1000 吨/日，而用工数量却下降至 400 人。整体生产效率提高 7 倍以上，产品良率提升，各项成本也实现了大幅下降。

在推动数字化转型过程中，彩虹新能源也遇到了困难和挑战。首先，传统的公司治理体系和治理能力难以适应数字化转型需求。以采购流程为例，四个主要生产基地都具有独立法人资格，设有独立采购部门，从集团层面合并采购流程虽可以提升议价权，但需要在合同的签署、执行、售后等各方面进行大规模调整。与数字化技术改造相比，为技术应用提供与之匹配的组织架构和管理机制的难度更高。其次，全系统数字化转型缺乏明确的需求驱动。现阶段，彩虹新能源技术应用和改造的主要考量依然是在质量、效率、成本等方面不断建立自身竞争优势，而以工业互联网为代表的全系统数字化转型缺乏具体的应用场景，技术改造的收益也不明确，企业缺乏转型动力。同时，许多数字技术的应用依然存在较大风险，企业数据安全、隐私保护等核心诉求未能得到有效保障。

（二）半流程半离散型企业数字化转型与机器人替代

1. 晋江华昂体育用品有限公司

（1）企业基本情况

晋江华昂体育用品有限公司（以下简称晋江华昂）于 2012 年成立，是一家集开发、贸易、生产于一体的现代化大型鞋业企业。晋江华昂专业生产硫化鞋、运动鞋，拥有 4 条现代化硫化鞋生产线、3 条冷粘鞋生产线，年产量达 600 万双，总产值超过 3000 万美元。晋江华昂以"客户至上、品质至上"为服务理念，以高品质产品赢得客户青睐和赞赏。目前晋江华昂产品远销欧洲、南美、美国及东南亚等国家或地区，与晋江华昂合作的有 MK、POLO、LEVI'S、TOMMY、GUESS、GAP、KAPPA 等众多国际国内一线大品牌。

（2）企业数字化转型历程

提升经济效益是企业自动化改造、数字化转型的最根本驱动因素。晋江华昂自 2012 年成立以来连续三年经营亏损，究其关键原因在于一线员工流动率高、老员工返工率很低和晋江华昂花费大量资源培训员工却不能有所用，便开始谋求自动化改造。相较于长流程连续型企业，半流程半离散企业的数字化转型影响因素更多，推进数字化转型会是一个渐进的过程。在数字化转型起始阶段，企业往往并不清楚其具体需求，需要生产技术人员与数字技术应用开发人员密切配合、多次迭代才能找准需求，这意味着数字化转型的成功需要探索一种更为有效的产学研创新合作模式。华中科技大学顺应该特点，在泉州市专门成立"智能制造研究院"，将实验室搬到企业生产线上，降低双方研发技术人员的协调成本，进而提高数字化改造效率。2018 年，在该研究院等单位支持下，晋江华昂引进了华宝制鞋智能成型生产线，现场智能化制鞋流程生产系统有序运行，生产效率大为提升。2019 年，晋江华昂的一条制鞋生产线成功地实施了智能化改造。另外，晋江华昂定制化制鞋智能化成型系统及设备也已投入使用。

近年来，为推动数字技术与制造技术的深度融合，加快工业互联网平台建设，泉州市实施了企业"上云上平台"行动计划。晋江华昂也在不断关注物联网、5G、人工智能等各种新一代信息技术的进展，积极加入"鞋创云"等行业性工业互联网平台。基于智能成型生产线而积累的大数据，包括每一个动作、每一个节点都是数字化可控的，每一只鞋子都能形成数据存到云端，通过对制鞋环节的生产数据进行统计分析，可以更好地提升制鞋工艺和产品品质。

（3）企业机器人替代的实施情况

2014年开始实施自动化生产以来，晋江华昂经济效益提升明显。2018年，晋江华昂开始新一轮生产自动化改造，引进华宝制鞋智能成型生产线，实现了生产环节成型部分的自动化生产。例如，硫化鞋的施胶工序原来是手工操作，现在全用机器来替代，一只鞋子12秒便可完成，并且整个鞋部都是非常均匀的，每一个动作、每一个节点都是数字化可控的。另外，智慧机器工人可以通过视觉扫描等技术，柔性准确地对鞋子不同部位进行喷胶，再人工完成材料黏合部分的工序，两者相互配合，生产效率大为提升。在2020年新冠肺炎疫情之下，企业复工复产面临一系列挑战。得益于智能化改造，晋江华昂复工复产的压力在一定程度上得以减轻，复工率达90%，各车间很快进入正常生产状态。

（4）实施数字化转型和机器人替代的效果和影响

数字化转型对于个性化生产能力、产品质量的稳定性和生产效率的提升都有明显促进作用，也能节约用工数量、降低材料成本并减少员工频繁离职带来的负面冲击。在个性化生产能力提升方面，随着个性化消费需求的出现，"一鞋款，用一年"的生产模式已满足不了市场需要，晋江华昂需要快速地对市场需求做出反应，并调整生产流程。通过在自动化制鞋系统中导入鞋楦视觉扫描工作站，可及时地根据制鞋需求来量身打造智能化制鞋生产线。在产品质量方面，自动化、智能化生产后的产品质量更为稳定，产品合格率也有较大幅度的提升。在生产效率提升方面，之前企业共有 4 条传统生产线，每名工人年产鞋量近 5770 双；如今 3 条传统生产线加上 8 条自动化成型生产线，每名工人年产鞋量近 9375 双，生产效率提升 62.5%。在节约用工数量方面，传统生产线要五六十个工人，而智能生产线只需要 8—10 人，大幅减少了用工数量。在材料成本方面，降本增效成果显著，例如机器喷胶用胶环节，同等产能下成本降低 27%（据晋江华昂负责人介绍，一双鞋平均用胶成本由 0.95 元下降为 0.75 元）。在员工离职（流动）率方面，企业成立之初，老员工流动性大、离职率高是企业经营亏损的重要原因，数字化改造后，在保持员工离职（流动）率始终处于较低水平的同时，还降低了生产过程中对工程师的依赖。作为国际国内众多知名鞋企的合作单位，数字化转型和机器人替代能够有效地提升公司的品牌形

象，提升公司的市场竞争力。另外，在自动化生产线
（即制鞋成型生产线）上，公司已经具有硫化智能生
产线和运动鞋的冷粘鞋型生产线这两条生产线。未来
通过智能化改造和数字化转型，企业要争取实现从鞋
底、鞋配件到鞋厂里面的全流程前、中、后端整个产
业链的打通。

2. 海尔集团卡奥斯

（1）企业基本情况

卡奥斯（COSMOPlat）是由海尔集团自主研发的
工业互联网平台。2017 年 4 月，海尔卡奥斯物联生态
科技有限公司成立，负责运营和推广工业互联网平台，
提供用户全流程参与体验的大规模定制转型服务解决
方案，实现跨行业、跨领域生态赋能。目前平台已汇
聚 3.4 亿用户、4.3 万家企业和 390 多万家生态资源，
已孕育出化工、农业、应急物资、能源、石材、模具、
装备等 15 个行业生态，在全国建立了 7 大中心，覆盖
全国 12 大区域，并在 20 个国家复制推广，被国家工
信部认定为跨行业、跨领域的工业互联网十大"双
跨"平台之首。2020 年，卡奥斯以 557.67 亿元的品
牌价值，进入中国品牌价值百强榜，成为唯一入榜的
工业互联网平台。

（2）企业数字化转型历程

在白色家电领域，海尔集团始终走在产业数字化、智能化转型的前列。作为卡奥斯的前身，海尔互联工厂被国家工信部评定为2015年智能制造试点综合示范项目，2016年被写入国家《制造强国战略研究》。2017年，海尔卡奥斯物联生态科技有限公司正式成立，负责运营和推广卡奥斯平台。目前，平台已经孕育出15个行业生态，业务涵盖工业互联网平台建设和运营、工业智能技术研究和应用、智能工厂建设及软硬件集成服务、能源管理等。

以海尔衣联网平台为例，平台由海尔内部团队主导集成，整合服装、橱柜、窗帘等5600家外部资源供应商，依托平台数据，一方面为产业链上下游企业提供标签云（RFID）、智能工厂、智能仓储、智慧门店、智慧云店、智慧溯源等解决方案；另一方面，搭建云众播平台，为终端消费者提供涵盖洗涤、护理、存储、搭配、购买的多场景生态服务。同时，作为行业领军企业，海尔一直保持着与家纺协会、洗衣液协会等行业协会的合作，参与并推动行业标准的制定。

卡奥斯旨在将上游供应商、下游经销商和配套产品服务商全部汇集于平台，通过实时的数据信息交换，实现从消费者直达制造商的C2M产业生态。平台的特点和优势包括：（1）依托海尔集团强大的品牌背书效应，帮助平台企业吸引资本、技术、客户，实现平台企业合作共赢；（2）用户全流程参与体验工业互联网平台，将用户信息及时反馈研发创新、生产制造等各个环节，充分挖掘终端用户价值。然而，在平台建设和推广过程中，由于上下游供货商、渠道商的数字化水平参差不齐，海尔集团需要协调驱动其他企业开展数字化，面临很大挑战。未来工业互联网平台的建设和拓展直接受制于接入平台企业（主体）的信息化数字化基础。

（3）企业机器人替代的实施情况

海尔洗涤生产线负责人介绍，与5年前相比，生产类劳动岗位已经实现50%—60%的机器人替代，前段制造工序已基本实现无人，后段总装环节还需要人工操作；物流环节则已经实现70%—80%人工岗位的机器人替代。由于企业经济效益良好，洗涤业务处于成长扩张阶段，大部分被精简的一线人员能够实现企业内部消纳。部分生产员工被扩大产能所吸纳，被替代老员工被派驻国内外50多家新建工厂。也有部分员工转岗，从事售后服务工作。另外，企业还会通过对员工的系统性培训，将其由生产员工转化为知识员工，提升薪酬待遇，实现员工价值最大化。

（4）实施数字化转型和机器人替代的效果和影响

衣联网平台的建立和运营显著提升了传统制造企

业的营业收入水平。根据海尔洗涤负责人介绍，衣联网生态收入（不包括传统洗衣机销售）可以达到每年20亿—30亿元；其中，单价5万—10万元的智能阳台产品，直播一天可以销售11万套。疫情期间，许多中小企业面临生存压力，衣联网平台整合产业链上下游，为资源商提供了丰富的应用场景，并通过众播平台帮助企业吸引消费者，为平台中小企业大幅降低了获客、营销、品牌宣传等多项成本。未来四年，衣联网平台目标再造5000亿元，实现体量倍增，且预计增长主要依靠生态收入。

与衣联网平台类似，海尔集团围绕空气、美食、用水、洗护、健康等7大生活场景，还建立了食联网、空气网等多个垂直领域的产业生态平台，共同形成海尔智家云网络，并接入卡奥斯平台。每一个产业生态所涉及的上下游企业和终端用户都可以接入平台，实时交流，实现产业生态的互联互通。

3. 浙江中财管道科技股份有限公司

（1）企业基本情况

塑料管道是中财集团化学建材业下属的重点产业，目前共有以浙江中财管道科技股份有限公司（以下简称中财管道）为基础的10大生产基地，营销网络遍布全国。目前，中财管道拥有10大管道系统、50多个系列、5000 多个品种，为客户提供高适用、可靠的管道产品和集成解决方案，已成为国内产品较齐全、规模较大的塑料管道专业生产企业之一。

（2）企业数字化转型历程

中财管道数字化转型的目标是推行精益生产，但由于缺乏数据积累，短期内难以实现对生产流程更为精细的控制，数字化转型初期困难重重。加上数字化建设前期投入较大，企业很难一次性完成全流程改造，需要以具体的业务需求为驱动，逐步实施数字化转型；待初期成效开始显现后，才会继续增加数字化投入。因此，企业的数字化建设往往是一个循序渐进的过程。近几年，数字化匹配技术有了较大进步和普及，大多数新设备都预留了数据接口，方便实现运营和生产数据的采集，企业数字化转型的速度也随之加快了。

目前，中财管道的生产制造环节已基本完成自动化、数字化改造。1 号车间的分拣、包装、贴标、码垛等产线，已实现大部分生产任务的自动化。负责管道生产的 2 号车间，与西门子合作，也实现了全部生产设备的数据监控。近几年，生产设备的协议接口已经装好，方便数据获取，无需二次改装，降低了数字化改造成本，提升了企业数字化转型速度。在物流环节，中财管道完成了实时运单系统，动态更新物流状态，防止产品调包等恶性操作。

（3）企业机器人替代的实施情况

中财管道相关负责人介绍，2012 年以后，企业开始面临招不到人的困境，倒逼企业加速生产线的自动化、数字化改造。从宏观上看，2012 年恰恰是中国 15—59 岁劳动年龄人口首次出现下降的拐点年份。另外，近 3 年来电商、外卖、网约租车等互联网平台经济的快速发展，创造出大量快递员、配送员、网约司机等收入水平更高、个人自由度更大的就业岗位，客观上从制造业吸引了大量青壮年劳动力，造成了部分制造业企业"招工难"。

为应对上述用工困境，中财管道积极实施机器人替代。自主解决了产品包装标准化等技术难点，引进机械手等自动化设备，积极推进生产线自动化改造，成为行业第一家使用机械手实现码垛的企业。目前，分拣、包装、贴标、码垛产线的大部分岗位已经实现机器人替代，仅有少部分人工岗位负责产品分拣。中财管道正在与旷视科技合作，希望利用图像识别等人工智能技术，实现分拣任务的自动化。

（4）实施数字化转型和机器人替代的效果和影响

通过实施机器人替代，企业在提高（稳定）品质、降低成本、精确交期、提高效率、生产安全、优化周转时间、降低产品不良率、提升产品附加值等多个方面获得了显著收益。同时，据中财管道负责人提及，近年来，企业的数字化转型意识逐渐加强，生产运营的管理理念也在转变，上游（设备）供应商也为制造业企业数字化转型提供了配套的基础性便利，大多数设备都预留好相应的传感器和数据接口，多重因素叠加，大大加快了制造业企业数字化转型的速度。

4. 南京康尼机电股份有限公司

（1）企业基本情况

南京康尼机电股份有限公司（以下简称康尼机电）成立于 2000 年，是从南京工程学院的校办工厂发展起来的，主营业务为轨道交通门系统和新能源汽车零部件的研发、制造、销售与技术服务，产品包括城市轨道车辆门系统、干线铁路车辆门系统、站台安全门系统、新能源汽车高压配电系统等。康尼机电是一家专注于机电核心技术研究和应用的创新型企业，具有自主创新能力和完全自主知识产权，拥有国家认定企业技术中心，主持和起草相关国家标准和行业技术规范。2020 年营业收入为 33.263 亿元，轨道主业营业收入为 28.05 亿元，利润总额为 4.72 亿元，员工总人数 3300 余人。

（2）企业数字化转型历程

康尼机电的数字化从 2006 年 ERP 系统搭建开始，2009 年与武汉制信科技有限公司合作，整体规划数字化转型，推进大规模的数字化建设工作，每年投入销售收入的1%用于信息化建设，先后成功实施与应用了PDM、MDM、SRM等系统，建立了信息高度集成的生产监控与指挥管理系统，实现了设计、生产与服务的一体化。

2011年康尼机电提出精益制造理念，推动集团级的信息化规划与"两化"深度融合，引入SAP软件以集团ERP系统为核心，集成各个数字化系统，业务全面分析，打造康尼机电规范统一的整体信息化平台，重点在完善生产系统信息互联互通，通过数字化制造平台管控生产全过程，实现了电子计划与精益生产协同。历经单点应用、规模应用及整合应用三个阶段，康尼机电数字化落地情况已然非常完整。

2015年顺应国家轨道交通装备重点领域智能制造发展要求，逐步开展智能化工厂规划，从智能产品和服务、智能设计、智能制造、智能供应链、智能管理、智能基础架构等方面打造康尼机电智能工厂。实施MES系统，利用大数据强化技术研发，打通企业内部各个层次，遵循从单元自动化到产线自动化，再到全工序自动化与柔性化自动化生产。在智能生产与产品智能化良性互动的基础上，最终实现设备人员互联互通，服务主动化和决策智能化应用。

（3）企业机器人替代的实施情况

2014 年康尼机电根据轨道交通门系统产品的工艺特点与难点，开始在关键工序逐步使用工业机器人应用，推进智能化工厂建设，陆续引入了焊接机器人、抛光机器人、钣金机器人、涂胶机器人等自动化设备，整条生产线实现全自动化装配。2015 年被南京市列入智能制造示范企业，2016 年承担了工信部智能制造新模式项目，2020 被认定为江苏省示范智能车间、江苏省工业互联网发展示范企业。

（4）实施数字化转型和机器人替代的效果和影响

康尼机电随着数字化转型合理打通顶层设计、系统规划、分步实施、业务需求各环节，推动公司管理创新，数字化工厂建设 2020 年持续以《康尼制造2025 规划》作为战略指导，围绕高质量运营、高质量发展的目标，深层次推进数字化工厂建设，为持续提升公司运营效能奠定基础。通过信息系统深化应用，构建全价值链数字化管理平台，推进业务流程与系统应用的深度融合，实现核心业务数字化，提升跨部门协同效率，初步达成互联化阶段建设目标；同时以大数据系统为平台开展多维度、全流程成本管控，使交通门系统产品在生产效率、运营成本等各方面指标均获得显著的成果效益。

机器人替代战略推进不仅提高生产效率，节省了用工成本，而且保护工人人身安全和身体健康，例如钣金机器人自动给铝板上下料，蒙皮冲裁、折弯加工，单线节省工人 14 名，减少人工拿取铝板的安全隐患，降低劳动强度，提升钣金加工质量稳定性，年度经济效益达 140 万元。包边机器人自动识别门板的产品型号并调用生产程序，实现快速生产，单线节省工人 6 名，一个原来耗时 25.3 分钟的工序节拍现在 80 秒就可以完成。随着智能制造数字化新模式的推广应用，康尼机电近两年自动化率在 70% 以上，产值和产能保持 20%—30% 增长，用工人数却逐年递减，生产效率保持着 10%—20% 的提升。

（三）纯离散型企业数字化转型与机器人替代

1. 佛山维尚家具制造有限公司

（1）企业基本情况

佛山维尚家具制造有限公司（以下简称维尚家具）成立于 2006 年，是一家依托信息科技创新迅速发展起来的全屋家具定制企业，也是传统家具行业向家居服务业转型升级的典型企业。维尚家具的前身是圆方软件公司，主要提供家具设计软件开发、应用等系列服务。企业在为客户提供家装设计服务过程中，发现很流程服务。刚开始，圆方软件公司专注设计环节，通过外包代工完成家具生产，但后来发现代工方很难满足大批量的客户定制化需求，于是企业考虑自设工厂，在企业内部完成家具设计、生产环节。企业创始人从IT行业跨界进入定制家具领域，通过已有的软件技术基础，采用数字化手段对传统家具行业进行改造。

（2）企业数字化转型历程

维尚家具之所以能够率先进行数字化转型，得益于公司前身圆方软件公司在设计、生产等领域的软件开发实力，即维尚家具在发展之初就具有较强的互联网基因。当时，佛山家具产业在全国具有优势，但很多传统家具厂商并没有认识到工业软件的价值，沉浸在传统家具市场的繁荣之中，没有进行创新探索的欲望，这给维尚家具的数字化发展提供了机会。

维尚家具发展之初面临的一个难题是如何"找板"，2006年维尚家具日处理订单仅40个左右，却出现员工们找不到板的现象。当时维尚家具采取的是按"单"生产，首先将"单"进行"板"拆分，再将"板"形成工序图纸，完成后将这一订单所有的板件放在一起，再进行封边。随着订单量增多，基于小批量、多品种的混合排产方式，客户订单的每个板件很难在生产过程中识别跟踪，出现了板材补件问题。但面对大量没有编号和规格标识的板材，员工并不清楚补件具体位置，这种"缺板找板"的情况影响了生产的顺利开展。公司董事长派出技术总监和圆方软件公司的技术员来解决板件生产过程的管理问题，对加工信息灵活跟踪，按照"部件即产品"的模式组织生产，将颜色、厚度及材质等属性相同的板材通过算法优化后，再实行混合排产。同时，维尚家具开发了二维码身份识别系统，按照客户家具设计订单需求，为每件板材生成一张二维码身份识别标签。在后续生产流程，二维码将成为板材的"身份证"，与生产制造系统连接起来。每件板材在生产出来之后，根据二维码标签放置到立体仓，再根据客户需求从立体仓选取所需板材发货，并完成入户拼装环节。这样每件板材都成为明确而独立的部件个体，贯穿家具设计、制造、仓储、发货和入户拼装的全过程，使企业生产效率和库存管理效率大幅提升，同时板材散乱存储、库存不清的问题得到有效解决。

2007 年，维尚家具开始进一步通过信息化技术改造传统家具生产项目，同年 11 月，大规模定制生产信息系统研发成功并上线使用。通过该系统，消费者线下下单，企业以数字化方式将订单转换为"数据"，工厂则根据不同订单的需求数据分析同类材料合并生产的可能性，然后按需协调资源分配，并归类实现规模化生产。结合维尚家具的数字化管理方式，将产品设计、生产、配送和服务全流程打通，实现了全屋家具定制。通过多年数字化积累，企业已将全部零件、工艺、设计转化为数字化部件，开发出一套自有的家装数字化系统。为方便客户和设计师，在线上系统即可完成房型量尺、装修设计、家具选材、生产模拟、效果预览等全套工业化装修步骤，系统已经上线推广使用，未来计划向社会大众推广此软件平台，争取成为行业标准的制定者。在终端销售模式上，维尚家具采用线上引流、线下分流的 O2O 模式。首先，通过维尚家具旗下的尚品宅配新居网在线上吸引客户进行咨询，客服在了解客户基本需求后将其分流至附近线下的尚品宅配店铺，再安排设计师和装修队后续跟进。考虑到写字楼低廉的租金，以及较大的产品展示空间，店铺的位置通常选在写字楼内。

近几年，维尚家具将业务模式推广到海外，探索出一条"软件技术输出 + 海外工厂代工"的发展路径。以泰国为例，与当地最大的家具生产厂商合作，提供全套软件技术和数字化标准，完成工厂改造和泰国设计师培训，在泰国完成房型量尺和需求对接后，将数据返回国内完成设计和虚拟制造，再将图纸发给泰国工厂生产安装，维尚家具只做纯技术输出，按图纸数量收取设计费，取代了出国建厂的传统方式。并且提供给这些企业供应链共享，通过平台统一向日本、德国的上游供应商采购，由于采购规模较大，成本进一步降低。

维尚家具在 2018 年加入了佛山泛家居行业工业互联网标识解析二级节点体系，它是依托佛山工业互联网标识二级节点搭建的，可以实现企业内部、企业之间生产要素的互联互通，企业可以开展产品追溯、产品全生命周期管理、远程故障诊断和维护等创新应用。而一旦实现上游产业链的追溯和数字化，只需要通过一个接口，便可方便地了解供应商仓储、物流等信息，为企业提供更加丰富的终端产品组合，同时企业也可以了解对方的生产组织和生产周期，使供应链之间更好结合。维尚家具未来的发展方向就是建立以用户为中心，与用户、供应商等利益相关方共创共享的共生生态系统，为了带动更多供应商数字化转型，维尚家具已经开始主动开放自己的信息系统接口，邀请它们与维尚家具对接，实现共创共享共生。

（3）企业机器人替代的实施情况

随着工厂数字化程度的提高，对传统生产线作业工人的需求量不断减少，公司目前有员工 7000 人左右，一线生产工人约 2000 人，还有进一步减少的空间，5 台机器只需要配备 3—5 个人，通过设备改造或者流程优化，可以由 5 个人减少到 3 个人。一定程度上，企业并不需要纯粹的技术工人，对工人的劳动技能和熟练度要求很低，而对系统维护、软件开发、客户服务人员的需求量不断增多。目前，公司旗下拥有专职设计师 2000 人左右，加盟设计师 1 万人左右，2020 年已实现设计师在线办公，随着企业数字化程度不断提升，目前一年可掌握 100 万户型的数据，对设计师数量的要求越来越少，对设计师技术水平的要求越来越高。

（4）实施数字化转型和机器人替代的效果和影响

维尚家具通过数字化手段，对订单进行"拆单""合单"，将板材二维码身份识别贯穿生产全部流程，破解了定制家具难以实现批量化的难题。通过采用全套自动化设备，从原料采购、排产加工制造、成本物流运输，全过程数字化管理，缩短并节省了生产周期和仓储空间，提高了周转效率。企业独有的算法可以在制造环节将板材利用率提高至 90%—93%，而行业平均水平是 80%—85%，未来随着新材料研发，这一水平会进一步提升。在同等的订单规模下，很多家具厂商的生产周期需要两个星期以上，而企业得益于其出色的生产管理系统，生产周期仅为 3—5 天，规模生产效益显著。

机器人替代比较具有代表性的一个工厂是位于南海狮山的第五工厂，这是维尚家具投建的智能制造示范工厂。工厂智能仓储中心通过采用机器人作业，仓储效率较传统仓储方式提升了 8 倍；通过引入智慧物流系统，节省了 600 名工人；通过引进 MES 集成系统并对车间人力生产环节进行了设备替换后，生产效率相比以往厂区提升了 30%。维尚家具目前仍在逐年加大对各种智能设备的投入。

总体来看，维尚家具通过数字化转型和机器人替代实现两方面突破，一是通过推动传统家具制造行业的数字化转型，提升企业快速应对市场需求变化的响应能力，使企业在研发设计、产品生产、物流配送和售后服务等各环节的协同水平得以提升，大规模个性化定制生产得以实现；二是通过采用智能化手段，打造智慧工厂，在有效控制成本的基础上提升生产效率和产品品质，更好满足了消费者对高品质个性化产品的需求。

2. 菱王电梯股份有限公司

（1）企业基本情况

菱王电梯股份有限公司（以下简称菱王电梯）成立于 2002 年，是集电（扶）梯研发、设计、制造和销售、安装、维保于一体的国家火炬计划重点高新技术企业。电梯载重、速度等技术指标都达到国内领先水平，目前在售产品最快的可实现运行速度 8 米/秒，在售产品最大载重达 12 吨，已研发完成还未投入市场的最大载重达 30 吨，在研产品最大载重 50 吨。同时考虑载重和速度，可实现"4 吨 + 2 米"和"2 吨 + 4 米"。菱王电梯拥有 CNAS 认证实验室、广东省省级企业技术中心、广东省工程技术研究中心、广东省企业重点实验室等平台，目前累计获取专利 290 余项。菱王电梯是中国电梯协会常务理事单位，同时是全国电梯标准化技术委员会委员单位，已参与制订和修订 36 项国家标准。菱王电梯积极响应"一带一路"倡议，在国内激烈的市场竞争背景下，积极拓展海外市场，产品远销东南亚、南亚、西亚、北非、中亚等 60 多个国家和地区（处于"一带一路"范围的有 20 多个）。国内市场方面，菱王电梯还积极参与广州地铁七号线、十三号线工程，川藏铁路工程，佛山地铁三号线工程等国家级重大项目建设。

（2）企业数字化转型历程

2014 年菱王电梯引入 ERP 系统，2015 年开始稳定投入使用，主要进行工单单据的汇总，客户关系管理部分已上线使用 CRM 系统，生产部分已上线使用条码系统和 MES 系统。目前需要重点解决的问题是如何快速将客户需求转化为技术参数和生产指令，这一环节现在还主要依靠人工实现，未来需要寻求新的数字化技术手段。菱王电梯目前两个厂区使用 ERP 系统协同生产，通过分部件拆分工艺路线，按照工艺路线进行区分协同，生产结束后分别装箱运输至现场进行安装。只有扶梯和旧楼加装电梯出于对运输成本和安装周期的考虑，一般会预先加装到钢结构中再用吊车进行拼装。菱王电梯对于软件的需求一般先自行开发解决，再寻求外部技术支撑。数据方面的发展方向是利用大数据做销售指导、生产分析以及扩大售后应用范围。目前工厂都已经安装实时监控设备，但并未存储实时数据，因为数据存储量过大，且未明确如何有效利用数据，但这将是未来的发展方向。目前重点关注与阿里云的合作，对数据的应用主要集中在收集故障数据、进行售后维护。

作为国家电梯物联网标准的编制单位之一，菱王电梯积极推动"互联网＋电梯"融合创新，形成独具特色的电梯物联网产品——电梯物联网系统。该系统利用物联网、大数据、移动通信技术，以电梯生产厂商为主体、面向电梯运营相关单位，以广域网为数据传输通道、实时监控所有电梯运行状态，同时具有不同级别的状态查看、日常维护、异常报警、双向语音安抚、视频监控、年度检验等信息管理功能。目前，这套系统已经正式进入市场，企业用户、维保单位、制造厂家和监管部门均可在第一时间实时查看电梯运行情况，对电梯进行保姆式检测和维护保养工作，极大提高了电梯的管理效率和安全性能。

2020年12月，美的集团暖通与楼宇事业部以并购方式与菱王电梯达成战略合作，这给菱王电梯数字化转型发展带来新的机遇。在大型公共建筑中，暖通能耗占楼宇总能耗的60%，电梯能耗占15%。美的与菱王电梯的合作致力于实现楼宇高效节能，美的依托自身在建筑能耗管理方面的优势以及多年深耕B端工程业态的经验和资源优势，将电梯产品线融入智慧楼宇整体解决方案中。两家企业之间通过资源互补、相互赋能，形成完整的智能楼宇解决方案闭环。菱王电梯可进一步依托美的强大的数字化、智能化平台技术，在智慧楼宇领域取得新突破。

（3）企业机器人替代的实施情况

菱王电梯员工数在1200人左右，其中销售人员和售后服务人员占比较高，主要由于国家明确规定，一般电梯15天需要维修保养一次，并且从电梯安装到保养都有相应的人员资质要求。IT部门目前共10人，1人负责厂区网络和硬件运维，其余9人负责软件二次开发和运维。目前研发技术人员招工没有困难，平时的远程管理依靠线上也可以完成。企业在电器制造生产部分基本是集成电路板，机械制造部分还比较传统，目前在大力推动自动化机械的投入，通过包括机器人应用和先进设备引入来提高生产能力。结构件焊接部分，使用机器人焊接较多，并逐渐引入国内机器人的应用。品控技术手段主要采用条码扫描和全生命周期追溯系统。

（4）实施数字化转型和机器人替代的效果和影响

菱王电梯通过建设智能互联的电梯设备全生命周期管理平台，把工业互联网技术和智能化技术集成并广泛应用于电梯的研发、生产、管理全过程，促进了智能技术与电梯制造技术和维保服务运营管理行为的深度融合，打造了电梯服务行业新生态，实现了"智慧服务"。

从整体的机器人替代效果来看，菱王电梯进一步实施机器人替代仍有很大需求和空间，由于生产车间工况环境恶劣，越来越少劳工愿意从事一线生产工作，劳动力招聘困难。由于外出务工与回家务工收入差距不大，用工压力将倒逼企业进行数字化转型。近两年，国产机器人发展态势良好，应用场景广阔，自动化集成商盛行，未来企业将会进一步降低一线操作工种的比例。

3. 浙江新柴股份有限公司

（1）企业基本情况

浙江新柴股份有限公司（以下简称新柴股份）是国内著名的小缸径多缸柴油机生产企业、国家级重点高新技术企业。新柴股份的主要产品是非道路车辆发动机，涵盖 100 多个机型、1300 多个变型产品，形成了完整的市场配套结构，构筑了工业车辆、工程机械、农业机械、小型发电机组四大市场齐头并进的良好发展格局。新柴股份现有员工 1500 多人，其中各类专业技术人员 400 多人，具备年产 30 万台柴油机的生产能力。

（2）企业数字化转型历程

新柴股份按照企业管理和业务需求，逐步实行信息化、数字化建设 30 余年。20 世纪 80 年代末，与用友合作，引入财务管理软件和计算机辅助设计（Computer–Aided Design，CAD）软件。90 年代末，与复旦联合开发管理信息系统（Management Information System，MIS）。新柴股份数字化售后平台于 2010 年上线，目前已是第三代系统。

在信息化建设初期，新柴股份一度将上马信息化软件系统当作目标，开发 ERP 的目的就是企业能有 ERP 系统。一些信息化系统真正运行后，新柴股份才发现没有生产过程的技术工艺支撑，这些软件系统无法发挥提质增效的作用。此后，新柴股份开始转变思路，在开发产品生命周期管理系统（Product Lifecycle Management，PLM）时，强调以技术工艺为先导，使系统能够按照企业技术特点实现对生产经营过程的有效管理和协同。在长期的信息化、数字化改造过程中，企业逐步认识到制造业数字化转型涉及复杂的技术工艺和应用场景，需要 IT 人员与工程技术人员的协同配合，而不仅仅是软件开发和系统平台搭建。

在数据资产管理方面，新柴股份过去对软件部分的关注度不高，现在越来越加强对数据资产的保护，相关软件都申请了软件著作权。未来需要认真考虑如何利用好沉淀下来的数据资产，考虑如何通过数据建模、算法的运用来挖掘数据资产的价值。近期，开始着手与科大讯飞合作，尝试将声音数据和人工智能技术用于故障识别。

（3）企业机器人替代的实施情况

在实施自动化改造之前，新柴股份对生产类员工的依赖较大，一线员工几乎全部来自绍兴本地，产线往往是大年三十才放假，正月初二就上班，生产任务繁重。于是，新柴股份管理层加快顶层设计，快速推进自动化改造，生产线人工岗位大幅减少。然而，机器人替代在帮助新柴股份降低劳动力依赖的同时，也带来了一线员工的转型阻力。新柴股份推行自动化转型所面临最大的压力在于受《劳动合同法》约束，人员请不出去，难以实现减员。

（4）实施数字化转型和机器人替代的效果和影响

新柴股份相关负责人认为，企业加快数字化转型、提高生产经营效率的驱动力主要源自领导者、决策层的前瞻性思维和超前眼光。相较而言，执行层很少会关注自己职责范围以外的工作，缺乏主动开展数字化转型、信息化建设的内在动力。新柴股份最早上线 OA 系统时，遭到内部很多部门的抵制，公司高层顶住压力上马 OA 系统后，全面预算、项目管理以及知识库利用等能力显著增强；在售后服务环节，服务人员、客服、维修、服务站等多方串通的可能性大大减少，OA 系统上马的第一年售后服务费用便下降 1/3。

经过近 20 年包括信息化建设、"两化"融合和数字经济、人工智能等热点和潮流的不断冲击和洗礼，制造业企业从最初的被动适应中获得了收益，并逐步具备了推进数字化转型的自觉意识。新柴股份负责人坦言，当下推进数字化转型同 20 年前的企业信息化建设面对着两种完全不同的内部环境。20 年前，新柴股份内部大多数人不理解甚至是强烈抵制信息化建设，加上其高投入和收益的不确定性，使得每一个模块系统的上马都举步维艰。经过 20 年的逐步改造，无论是企业高层，还是中层管理人员以及一线员工，都切身感受到信息化、数字化建设带来的效率提升和效益增加。现在，生产运营各环节一旦出现新情况、新问题，第一时间想到的就是协调 IT 部门开发一套新流程。

4. 南京南瑞继保电气有限公司

（1）企业基本情况

南京南瑞继保电气有限公司（以下简称南瑞继保）成立于1995年，主要从事电网、电厂和各类工矿企业的电力保护控制及智能电力装备的研发和产业化，在继电保护、电网安全稳定控制、特高压交直流输电和柔性交直流输电等领域取得了一批支撑和引领行业发展的研发成果，是以研发为核心，销售、设计、服务、生产融为一体的一个创新型的高科技企业，也是国家能源局"国家能源电力控制保护技术研发（实验）中心"的依托单位。南瑞继保核心产品在国内占有率多年来一直高居行业首位，其超高压电力系统继电保护控制产品广泛应用于国家的电网主网架、三峡输变电、"西电东送"等国家重点工程，同时远销全球100多个国家和地区。2020年营业额超过100亿元，员工总人数约2500人，其中600—700人为研发人员。

（2）企业数字化转型历程

南瑞继保因所处电力行业的特点，信息技术应用较早，在1998年就开始筹划信息化建设，主要满足企业内部的生产需求，包括设备条码化管理、自主开发工业设计软件和控制系统等，应用于自动化生产、测试、物流设备，向一体化制造模式探索。随后，在精益管理的基础上推动数字化建设，开始实施搭建 ERP、OA、MIS 等系统。

2012 年重点组织实施 ERP 系统升级，率先进行产业化升级改造，建立信息中心，用 7 个月上线 SAP 系统，生产设备、人员、物料和成品数据互通互联，生产过程标准化和数据化。2015 年与第三方合作开发MES，从库存管理系统 WMS 开始，扩展到车间任务管理、供应链管理系统等，完成了系统的深度二次开发。形成了以 ERP（SAP）为数据基础、MIS 为信息综合管理集成平台、MES 为核心，PLM、OA、SRM 等协调运行的一个业务支撑体系。

从产品设计到销售，从供应商到客户，从设备控制到企业资源管理的信息实时采集、传递、处理和集成，实现了资源的有效管理、生产过程的动态监控及预警、质量管理、统计分析与产品追溯。南瑞继保认为精益生产要与信息化、自动化紧密结合，固化精益成效。

（3）企业机器人替代的实施情况

南瑞继保在已有的设施和行业技术积累的基础之上，充分发挥信息技术、工业技术的优势，打造智能车间适应数字化制造技术、智能制造系统等新技术，引进机器人手臂代替人工，通过对比分析原有 SMT 生产装备、生产工艺、生产效率等状况，开展系列工艺攻关，打破了原有表贴生产、插装生产和产品测试之间的流通阻隔，在行业内率先建成了卜（下）板装置、印刷设备、贴片设备（若干）、回流焊锡炉、AOI测试设备、产品电气性能检测连线的全自动生产线。再结合 MES 和 PLM 等系统实现生产过程的集成化、标准化和数据化，建设智能电网设备智能生产车间。设备联网采集数据，APS 系统分析自动排产，物料条码标准化管理，产品信息全流程可追溯，进一步推进精益生产和智能化提升。2019 年通过江苏省工信厅评审，获得"江苏省智能制造示范车间"称号。

（4）实施数字化转型和机器人替代的效果和影响

南瑞继保成功实施数字化转型和机器人替代改造后，建成智能电网设备生产车间，生产能力提升了34%，生产周期缩短了 33%，生产一次通过率高达99.6%，生产及时交付率提高到 100%，产品设计周期减少 12%，用工减少 23%；实现产品全生命周期追溯，全年无安全事故发生，建成适应"多品种、少批量、短交期、多变化"需求的高效柔性智能绿色制造体系。

5. 中国南方路面机械有限公司

（1）企业基本情况

中国南方路面机械有限公司（以下简称南方路面）

成立于 1997 年，是一家专注于工程搅拌机械设备领域，集水泥混凝土、沥青混凝土、干粉砂浆搅拌机械设备于一体的研发、制造型国际化专业公司。南方路面自创建以来，坚持"十年磨一剑"的技术积累，迄今为止已参与制订颁布了 13 项国家及行业标准，拥有发明专利、实用新型专利近 800 项，并已获得 4 项省级科技进步奖。南方路面紧紧围绕搅拌核心技术的三大产品已布满全国，走向全球。目前，南方路面在全球设立了 29 个销售服务中心、11 个零配件供应中心，为全球客户提供良好、快捷的培训、安装和售后服务。2020 年南方路面在职员工 1100 多人，其中技术人员所占比重达 15% 以上；营业收入为 11.4318 亿元，实现净利润 1.4169 亿元，其中研发经费所占比重达 5% 以上。

（2）企业数字化转型历程

作为工程搅拌全领域整体解决方案的专业制造商和服务商，南方路面负责人明确表示，服务客户是其推动数字化转型的最大动力。作为生产过程具备定制化、离散型工艺特征的典型代表，南方路面很难实现制造过程的全自动化和智能化。在早期，南方路面数字化转型的重点和基础还是覆盖日常运行各环节的 ERP 等信息化系统建设。贯穿公司日常运行各环节的 ERP 等信息化系统，使得公司生产经营各模块的数据信息得以实时生成、交换、反馈。虽然生产工序的自动化过程较难实现，但也能够借助 ERP 等信息化系统，通过对订单、产品规格、图纸、加工进度等数据信息的实时发布和掌握，实现对生产过程的管理及控制，增加了生产过程的透明度。总的来说，通过 ERP 等信息化系统建设，公司对于生产经营中何时做何事还是非常明确的。

近年来，随着新一代信息技术的不断涌现，南方路面一直在思考如何将其尽快应用到生产中。当前，南方路面致力于针对客户端（即使用其生产设备的客户）打造云平台，在客户允许的前提下，基于自动化控制和物联网技术，实现对设备运行工况和健康状况数据的实时采集，再通过互联网和无线网络发送到云端服务器，经过公司技术和服务团队专业分析，为客户设备提供远程诊断、设备维护、节约能耗、经营辅助管理的增值服务。当然，由于一些运行数据可能涉及客户自身的商业秘密（如原料配方），客户接入愿意不高。

（3）企业机器人替代的实施情况

通过采用一系列高精端数控设备和各类机器人（如焊接机器人和自主研发的建筑垃圾自动分拣机器人）从事生产后，在生产经营成本降低 20% 和劳动生产率提高 30% 的同时，南方路面一线员工数量直接减少20%以上，取而代之的是各类技术研发人员的招聘需求伴随着企业的发展在不断地提升。另外，由于机器人可从事工作强度大、工作危险性高和工作环境恶劣等各项员工较难从事的工作，在全公司范围内，一线员工的工作强度有较大幅度的降低，工作环境得到显著改善，工作安全性提升也很明显。

（4）实施数字化转型和机器人替代的效果和影响

在全球新一轮科技革命和产业变革中，南方路面积极应对技术变革大潮，生产上运用先进的高精尖数控设备，打造信息化、数据化、智能化于一体的数字化车间，推进信息技术与制造技术深度融合。以先进生产力使加工制造更加精密、快速、高效，制造系统更加柔性、敏捷、智能，从而提高工作效率，提升产品加工精度与品质，最终推动制造模式的深刻变革。在钣金数控生产线方面，配置进口的激光数控下料等全套自动化智能设备，用于各种金属材料的高精度切割，大大减少产品变形，提升产品的外观质量和产品一次交检合格率。在机加工数控生产线方面，以大型数控落地铣镗设备等为主要生产设备，大大提升机加工产品的质量与精度。在机器焊接方面，由进口焊接机器人、焊机等国际尖端设备组成的南方路机焊接自动化生产线，可执行24小时无人值守作业，极大提升了设备焊接质量和效率。在焊接工艺生产方面，全部使用进口网络数字焊机，最佳焊接参数经程序预先设定，消除人工焊接的不可控因素。目前，搅拌主机桶体已实现100%的机器焊接，与传统焊接工艺相比，搅拌主机桶体焊接后的对角线误差从5毫米减少到1毫米以内，达到行业最高水平。另外，数字焊机网络化管理技术已实现群控服务器、群控基站与车间生产管理人员的无线网络沟通，工人可以使用任何联网设备随时随地了解焊接生产信息，方便焊接生产事务的管理以及控制，保证作业现场的信息通畅，优化生产流程。在涂装作业生产线，运用先进的水漩式自动化送料喷涂设备，以数控方式控制大型工件的自动化送料，降低人员劳动强度，提高生产效率。

（四）中小企业数字化转型与机器人替代

1. 南京迪威尔高端制造股份有限公司

（1）企业基本情况

南京迪威尔高端制造股份有限公司（以下简称南京迪威尔）成立于2009年，是全球知名的专业研发、生产和销售深海、压裂等油气钻采设备承压零部件的高新技术企业。目前已形成以深海油气水下开采设备、页岩气压裂设备、陆地油气开采设备等专用承压件为主的系列高端产品，广泛应用于全球各大主要油气开采区的深海钻采、页岩气压裂、陆地井口、高压流体输送等油气设备领域。2020 年南京迪威尔实现营业收入 7.08 亿元，利润总额达 8840 万元，员工总人数达 740 余人。

（2）企业数字化转型历程

产品应用于能源油气设备高端专业领域，附加值高，定制生产交货期规定严格，小批量、多品种特征明显，多车间转序频繁、管理难度大，信息化平台数据量大，系统间协同要求高，企业规模扩大、订单增多后，原有 ERP、PDM 平台满足不了排产需求。南京迪威尔以现有数字化信息系统为基础，向基于模型定义、端到端的横向无缝集成的数字化智能化生产转型，2020 年在行业内率先开发建设 MES 系统，链接两个核心数据库，实现数据实时准确交互，打通上层决策计划端与底层生产控制端之间的信息断层，形成生产物流与生产计划进度的高精准、高质量的协同工作。

（3）企业机器人替代的实施情况

南京迪威尔目前在生产制造环节并没有实现完全自动化，原因在于小批量、多品种生产，需要频繁调整机床技术参数，机器人替代成本太高。精密加工机器人替代是趋势，南京迪威尔在 2020 年上市后计划向智能工厂发展，新建项目离散型产品也努力要打造成高度集成自动化的流程型生产模式。

（4）实施数字化转型和机器人替代的效果和影响

随着 MES 系统的投入使用，南京迪威尔初步完成数字化转型。过去订单加工进度需要员工多个车间现场询问后得知，现在每台设备都安装了数据采集的传感器，系统一体化展示生产状态，显著提升了生产制造各部门管理的实时性和有效性，帮助企业做出更准确的生产管理决策，降低决策风险和运营成本。

2. 广东汇成真空科技有限公司

（1）企业基本情况

广东汇成真空科技股份有限公司（以下简称汇成真空）成立于 2006 年，是一家主要从事研发、生产和销售各类镀膜设备、连续式磁控镀膜生产线、超高真空系统等真空设备、光电设备、光伏设备及产品相关配件的国家高新技术企业。汇成真空重点发展真空镀膜机相关技术（镀膜机应用广泛），产品主要用于军工方面，具备国家三级保密资格认证。近年来汇成真空在单体机生产方面实现了重大突破。汇成真空在研发方面的投入较大，研发费用占销售收入的 10%。汇成真空员工总人数在 300 人左右，其中研发人员 60 多人，设计团队 20 多人，研发设计人员所占比重达到25% 以上。

（2）企业数字化转型历程

汇成真空产品多为非标产品，具有较强的个性化特征，除了在生产过程中根据客户需求进行产品裁剪设计，还需要专业培训服务人员教客户学会使用产品。对于非标产品，通常很难通过软件实现数字化系统生产管理，其中涉及流程复杂且工作量较大。2011年开始，汇成真空负责人就希望开展产品标准化制定工作，为进一步推进数字化转型做铺垫，但由于客户需求不同，只能做到个性化生产，因此个性化、定制化的企业想要做标准化都很难。

汇成真空数字化转型的主要原因来自外部环境和企业自身发展需求，首先是近年来面临的劳动力短缺、招工难这一大难题，使企业不得不考虑通过数字化转型来提高生产效率，降低用工成本。其次，汇成真空的大中小客户都有个性化、定制化的数字转型需要，希望厂商可以提供符合自身生产需求的个性化软件系统。目前汇成真空已经引入金蝶MES系统，每年交给金蝶的服务费只有1万多元，仓储、财务、采购等环节以及排产计划可以通过金蝶满足需求，但其他环节的软件系统还不算成熟。汇成真空负责人提到，金蝶的部分功能比较符合企业的生产需要，但不能专门为中小企业做适应性改变，因此希望未来通过自主研发设计出适合自身发展需要的研发运用软件。

（3）企业机器人替代的实施情况

目前汇成真空主要负责核心技术研发、生产和销售，其他生产环节都进行了外包，车间只剩下组装和调试，传统生产线上的技术员工很少，而研发设计、服务培训人员的比例不断增长。目前，汇成真空有1/4—1/3的人员在客户现场提供设备组装、调试、跟踪服务，为客户陪产、做现场指导，陪产时间短则几天，长则达半年或1年。在数据资产使用方面，现有技术虽然能够满足提取需求，但是考虑到汇成真空当前正在进行挂牌上市相关准备，生产经营总体采取相对保守策略，数据提取以满足其基本需求为限。

（4）实施数字化转型和机器人替代的效果和影响

目前汇成真空数字化程度和机器人替代效果还有很大的提升空间。现有的软硬件设施很难满足当前个性化定制生产的需求，如金蝶系统不太适应公司的研发需求，难以实现适应性改变，另外，汇成真空的研发合作伙伴研发实力不够强，在技术开发过程中常常需要磨合。未来，汇成真空准备进行软件自主研发，但相应的用工成本很高，软件自主研发人才面临较大的需求缺口。一是现有的 IT 人才大都选择进入互联网公司，而制造业 IT 软件的研发设计复杂度又比互联网公司高几个数量级，高端专业人才供需不相匹配。二是在技术传承方面存在不足，师傅传承有所保留现象较为明显，这为制造业数字化转型增加了困难。三是学校教育教学内容不能很好地与汇成真空实际需求相适应，导致刚毕业的大学生满足不了公司的需要，更加重了软件人员、工程人员的匮乏问题。现在，汇成真空为解决人才和软件问题，开始和大专院校进行合作。

3. 广东华技达精密机械有限公司

（1）企业基本情况

广东华技达精密机械有限公司（以下简称华技达）成立于 2016 年，主要从事精密自动化机械研发、制造、销售和服务，是国内领先的自动化集成服务和自动化整体解决方案的提供商，2020 年被列入国家第二批专精特新"小巨人"企业。华技达内含工控集成、智能装备和 SMT 设备三个事业部，另有控股公司东莞市华技达检测设备有限公司和一家香港全资子公司。其中工控集成事业部是日本松下伺服马达和电工的核心代理商、韩国 LS 自动化高柔性线缆中国区代理；智能装备事业部拥有自主研发的异形电子元件插件机等系列在线检测设备；东莞市华技达检测设备有限公司是华技达与韩国美陆（MIRTEC）成立的合资公司，致力于提供 SMT 设备解决方案。现如今华技达的技术水平可以实现和行业世界前沿同步，华技达员工共 170 余人，其中有 35 人的研发团队，平均学历都在本科及以上，包括硕士研究生 6 人、博士研究生 2 人。目前产品的年销量在 200 台左右。

（2）企业数字化转型历程

华技达最初在 2006 年便开始代理三星品牌贴片机，将 PCB 通过 SMT 上件最终形成 PCBA。为满足高效、高品质的产品生产需求，华技达积极探索自动化制造技术创新和研发，为制造业提供创新技术解决方案，其产品核心主要集中在软件、算法、视觉和运动捕捉。其中，工控事业部自主研发生产模组、X—Y 机器人等智能配套产品，为客户提供高端自动化集成方案。华技达自主研发的异形电子元件插件机系列解决了传统插件需要人工操作更换的问题，实现了插件流程全自动化，还可以满足客户柔性化定制需求，制定不同的产品方案。在自主研发产品中全面采用 SPC 分析系统，实时分析生产过程并进行评价，通过反馈信息及时发现系统性问题征兆，大大促进了前序工艺的改良。

（3）企业机器人替代的实施情况

华技达所处的行业机器人替代较为普遍，通常有实力的大企业都会使用机器人替代人工，中小工厂受资金限制初期只能使用人工，一旦取得了原始积累就会选择机器人替代。华技达机器人替代的内在驱动力在于：一是招工难，外卖等一些新就业形态吸引了大量的劳动力，导致部分劳动力密集型产业转移至东南亚地区，随之而来的就是国内用工成本高、风险大，因此企业的目标是走向无人工厂；二是提高效率、稳定品质，越是趋于标准化的产品，机器人替代过程越快，对于一些技能难度低、重复性高同时对人工要求严格的生产环节，机器更能保证产品质量，如产品检测环节。

（4）实施数字化转型和机器人替代的效果和影响

顺应产业技术变革，华技达实施机器人替代是内在驱动力和外部环境共同推动下的结果。通过积极引入国际先进技术和一流品牌设备，致力于打造智能化的无人车间，以往32—36人的生产线如今缩减到4人。目前，华技达研发人员所占比重为20%，为提高研发能力，积极打造产学研合作模式，建立博士后工作站，引进5名北大、清华博士，同时东莞市也给予了各项人才补贴。所拥有的核心生产技术方面，电机技术主要来自松下，华技达在核心底层架构上进行二次研发，但传感器方面的技术水平与世界前沿相差不大。目前，华技达自主研发的产品也积极服务于制造业智能化生产，加工制造过程向更加便捷、高效、柔性、智能转变，通过提高工作效率，提升产品品质，最终实现制造模式变革。企业自主研发产品中：在线智能维修站能够通过设备互联，智能标识不良点，无需人工寻找，可以大幅降低人工作业强度，节约70%以上的人力成本，同时杜绝人工视觉失误，改变传统作业模式，提升生产效率；在线AOI检查机针对插件独有算法，检出率高达99.9%，能够有效减少误报；异形元件插件机系列可以根据不同元件特征迅速匹配抓夹，大幅提高了通用性，可以根据不同客户制定不同解决方案，满足不同用户需求。

（五）数字化转型与机器人替代服务提供商

1. 浙江陀曼精密机械有限公司

（1）企业基本情况

浙江陀曼精密机械有限公司（以下简称浙江陀曼）创建于2006年，主要从事自动化装备、智能部件、工业互联网应用等产品研发、制造和服务。以轴承自动化加工装备起家，服务浙江第一批机器换人企业；后期增加齿轮加工自动化设备，对标国外领先企业，目标是做行业领导者。

浙江陀曼已经发展成为业内规模、技术、销售领先的国内企业，并形成了"两个装备＋两个平台"的产业布局，既是设备供应商，又是工业互联网（软件服务）供应商，提供全方位智能解决方案，赋能中小微制造企业。在数字化转型领域，浙江陀曼从设备供应商转型为行业服务商，可以充分利用轴承制造行业 20 多年的行业积累，为中小微制造企业提供数字化转型方案。

（2）企业数字化转型历程

浙江陀曼原本是一家生产轴承加工设备的制造业企业，在制造业数字化转型过程中，一方面在自己生产的加工设备上预先装有传感器及数据接口，为设备联网创造基本条件；另一方面建设轴承生产工业互联网平台，将有意愿的企业的设备运行数据接入云平台。对于轴承加工企业既有的老旧设备或从其他厂商购置的设备，浙江陀曼也可以对其实施改造，加装传感器及数据接口。

在设备制造及数字化改造基础上，浙江陀曼分阶段、分模块地推动数字化软件系统（SPC）建设，搭建并不断完善针对轴承制造企业的专业互联网平台。SPC 早期的 1.0 版本便具备产能、设备状态监测等 5 个基本功能模块；在此后的 2.0 版本、3.0 版本中又不断新增模块，到 4.0 版本时已有超过 120 个功能模块（工业 App）。经过硬件和软件平台两方面的准备，所有购买浙江陀曼机械设备的企业和原有设备经浙江陀曼数字化改造的企业，连接工业互联网平台都不存在技术上的障碍，企业只需开通一个账户便可接入。

2017 年 7 月，浙江省委、省政府提出"全面改造提升传统制造业行动计划"。在新昌市政府的大力推动和扶持下,浙江陀曼牵头开展企业数字化制造应用改造的"百企提升"活动,大力推广其工业互联网平台及相应服务,打造"数字化制造、平台化服务"的新昌模式。浙江陀曼也从轴承生产设备供应商转为(中小)企业智能制造解决方案服务提供商。

浙江陀曼服务推广及新昌模式形成的主要措施包括:①新昌市政府出资 500 万元,浙江陀曼拿出 500 万元的优惠额度,共同成立一个(中小企业)数字化改造免费体验基金,开展"百企改造";②初期每个企业数字化改造的基本费用大约为 20 万元,全部由基金负担,接入平台后直接享受 5 个基础模块的免费服务;③浙江陀曼只对接入企业使用的深度服务模块进行收费。

接入企业生产数据上传云端后,可以实现实时分析预警、事前预防、过程监控,非常受用户欢迎。浙江陀曼利用平台数据,着手"视觉查验、远程检查维护""轴承制造领域行业字典编撰和行业标准化推进"等服务模块的建设。目前,浙江陀曼的 SPC 已有 1200 多家企业、8000 活跃用户,其中,新昌市 221 家轴承生产企业均接入平台。客户企业 95% 为中小微企业,仅 5% 为大型企业,真正实现了赋能中小微制造企业,为客户提供全方位智能制造解决方案。

　　浙江陀曼新昌模式取得显著成效的主要原因有以下几个方面：①轴承制造领域20多年的行业经验积累；②起步阶段，政府在宣传推广方面发挥了非常重要的促进作用，通常一家企业完成数字化改造后，政府会召集其他企业开现场会；③新昌乃至浙江各地中小企业众多、特色产业集聚的特点构成了产业生态基础。

　　（3）企业机器人替代的实施情况

　　在机器人替代方面，浙江陀曼主要为机械制造行业提供自动化设备、工业机器人等"机器换人"产品和服务，产品包括轴承加工自动化装备、汽车零部件自动化装备、齿轮生产自动化装备、重型机床装备等系列自主高端装备。产品在多个领域成为国内行业的标杆，技术性能已达到国内领先水平。同时，浙江陀曼积极开拓国际市场，产品远销美国、德国、葡萄牙、韩国、土耳其、印度等国家和地区。

　　（4）实施数字化转型和机器人替代的效果和影响

　　通过设备上云和管理上云，浙江陀曼帮助用户企业开展设备状态监测、工艺参数优化、故障诊断、预防性维护保养、流程审批、质量管理实时预警、大数据分析监测等，满足企业"提质、增效、降本和管理提升"的需要，不同企业结合自身要求和痛点排序开展应用和问题改善，效果显著。新昌轴承行业进行数字化改造前设备综合效率（OEE）大约为 48.9%，目前为 62%—65%，数字化技术改造后平均提升 15% 左右，根据平台大数据分析，预计行业整体 OEE 水平可以再提高 20% 左右，未来依然存在改进和提升的空间。

　　用户 PY 公司 2016 年数字化技术改造前，一人管一条生产线，一班制，年产值 3200 万元；数字化技术改造后，2017 年一人管一条生产线，一班制，年产值 5300 万元；2018 年一人管两条生产线，两班制，年产值 8500 万元。2018 年与 2016 年相比，在同样面积的厂房、同样数量的设备、同样的工人数量的情况下，实现了"一个厂变三个厂"；平均设备综合效率（OEE）提高了 20% 左右，能源消耗下降了 10% 左右，综合成本降低了 13%，企业用工减少了 50%，企业的利润率比技术改造前提高了 15% 左右，初步走上了增产增收、减人增效、节本增效的质量效益发展之路。

　　用户 PN 公司是一家轴承套圈车削加工企业，2020 年建成新昌地区数字化深化应用和高质量发展样板工程，实现设备、人员、资金等资源高效利用，目标利用率提高 1 倍以上。经过数字化技术改造，企业 OEE 提高到 85%，实现生产过程物料等库存降低 50%，1 人双线高效稳定生产，24 小时不间断高效生产，质量一次送检合格率从 96% 提升到 99% 以上。

2. 广东汇兴精工智造股份有限公司

（1）企业基本情况

广东汇兴精工智造股份有限公司（以下简称汇兴精工）始创于 2000 年，是一家从事智能装备设计、研发、制造、营销一体化的高新技术企业。全资子公司广东餐厨变绿环保生物科技发展有限公司主要从事有机废弃物处理工艺，将智能创新和科技制造运用于解决餐厨垃圾处理、改善人类环境的社会性问题。汇兴精工目前在东莞、昆山等地拥有三个智能装备生产基地，主要为家用电器、锂电、仓储、卫浴、汽车零部件制造、物流运输等细分行业领域提供整厂自动化解决方案、智能软件系统方案及精密工业自动化零部件配置服务，产品销售市场覆盖全球 50 多个国家和地区。作为国家高新技术企业和广东省知识产权示范企业，参与 7 项国家标准起草，获得发明专利授权 14 项、实用新型专利授权 30 项、软件著作授权 15 项，"家电智能生产线""数字化车间系统"等 11 项产品被认定为广东省高新技术产品。2020 年实现营业收入 1.48 亿元，毛利率达 15.83%。汇兴精工现有员工近 300 人，其中各级工程师及各类技工超过公司总人数的 60%，技工中熟练技工占比超过 50%，处于行业领先地位。

（2）企业数字化转型历程

产业智能化方面，汇兴精工从 2009 年开始坚持信息化、智能化创新发展，先后引入了 ERP、金蝶相关软件系统进行企业信息系统搭建，2010 年成立了内部研发团队，此后不断推进数字化升级，目前正通过金蝶云以快速、高效实现业务上云。新三板上市后，汇兴精工通过数字化智能管理进一步规范化治理。

智能产业化方面，汇兴精工最初主要从事单机硬件的研发和生产，在接触大量制造业企业后，针对生产过程中的痛点对物联网、大数据、工业机器人等要素进行了组合，致力于从设备、软件和服务全方位为企业定制智能制造整体解决方案，打造智能制造全生态链，解决生产中面临的困难。企业现可以提供包括 LED 行业在内的八个细分领域生产线，即全厂自动化解决方案；所开发的智能软件系统包括了 VM 生产管理看板系统、WMS 仓储管理系统、APS 智能优化排程系统、MES 制造执行系统、ESOP 作业指导书系统等；提供码垛、抛光、喷涂、上下料等六方面应用场景的工业机器人以及输送线配件等精密工业自动化配件。

（3）企业机器人替代的实施情况

是否需要机器人替代，汇兴精工认为核心要素在于满足需求。完全的柔性、个性化定制是不可能的，同时生产环节的机器人替代也是一个逐步推进完善的过程，当前汇兴精工人工替代率达到70%。部分软件已做成模块化，后期需要根据客户需求做二次开发，作为解决方案提供商，具体数字化技术或自动化技术的运用，比如机械手是用哪一款，可以根据客户需求进行设计、应用。

（4）实施数字化转型和机器人替代的效果和影响

对于柔性化、个性化定制的消费需求而言，必然是智能化才能满足生产的需要。从综合服务提供商角度来说，汇兴精工必须做类似于"智能化"这样的服务升级。在服务客户时，售前部分成本占比最大，这也是客户往往最不愿意承担的，但发挥预警和优化功能需要从现场拿到设备数据，推进工业互联网同样需要客户参与互动。汇兴精工制造智能化升级后，柔性化生产效率提升600%以上。新三板上市后，汇兴精工所有操作系统办公软件正版化，企业内部管理更加规范和系统，银行、监管部门可以直接调用金蝶软件系统数据，大大提高了行政效率。

但数字化升级过程中也面临不少问题与困境。首先就是与之相对应的高昂人工成本，汇兴精工不断推进数字化对员工素质也提出了更多要求，还需要加强对员工的培训，这对部分70后员工而言具有相当的难度，因此汇兴精工还需专门配备人员。同时，在内部研发升级的过程中，如PLM产品生命周期管理系统、基础零件库等开发工作往往进行到一半就很难继续开展，问题核心在于数据积累不够，由于涉及商业机密等因素，相关方的数据并不愿意分享，导致研发工作受阻，另外受到项目交付工期的限制，人员、精力也难以支撑。

3. 南京科远智慧科技集团股份有限公司

（1）企业基本情况

南京科远智慧科技集团股份有限公司（以下简称科远智慧）创立于 1993 年 5 月，是全方位智慧产业解决方案领导者，专注于工业自动化和信息化产品的研发、生产和销售，围绕过程自动化、工业信息化、智能制造与机器人、传感技术与测控装置四大产业领域，形成了以 NT6000 分散控制系统（DCS）、SyncBase 实时数据库、SY 系列智能一体化电动执行机构、SyncDrive 系列电机驱动产品、机器人非标准自动化生产线为主的一批核心产品，是领先的智慧工业解决方案供应商。2020 年营业收入为 8.46 亿元，利润总额为 1.52 亿元，拥有 10 家子公司、1800 余名员工和 20 万平方米产业基地。

（2）企业数字化转型历程

科远智慧 2007 年之前是系统集成商，通过购买进口硬件、开发适配的控制软件为其他企业提供服务，没有自己的产品生产；拥有自主研发的 ERP、OA、MES 等信息化平台系统，帮助客户企业搭建工业互联网平台。2007 年后自己开发产品，成为工业自动化、信息化技术、产品及解决方案综合供应商。

2010 年科远智慧组建了一条机电一体化的产品线，基于产品线的扩展，与武汉天喻软件合作共同搭建 SCIYON – PLM 系统平台，优化产品开发与设计流程，实现机电一体化设计，建立知识数据库，深入研发流程的各个环节，实现了机电一体化的协同设计。

2015 年科远智慧开始建设滨江智能工厂，积极践行工业4.0 理念，2018 年滨江智能工厂正式投产运营。自主研发的 iMIS 智能制造信息系统覆盖 SRM、MES、CRM、PLM 等，实现设备、物料、人之间的数据互联，构建生产实时监控及调度、全过程追溯体系。

2017 年，科远智慧根据 25 年工业自动化与信息化经验，推出基于 PaaS 的面向流程型制造的"工业互联网平台" EmpoworX。EmpoworX 以模型为核心，采用事件驱动服务的方式，实现物理空间与信息空间的双向映射和交互，提供开放的工业数据、应用开发和业务运行的云平台。

（3）企业机器人替代的实施情况

科远智慧深耕工业互联网领域多年，机器人替代化程度高，滨江智能工厂全面采用自动化生产线、自动检测设备、智能仓储和物流设备。

（4）实施数字化转型和机器人替代的效果和影响

随着数字化转型和机器人替代战略的推进，科远智慧提高了产品开发对市场的响应速度、产品生产制造周期明显缩短，生产效率及产品质量提升，用工数量减少，企业把握市场机遇的能力大大增强。以滨江智能工厂为例，制造费用率降低 27%，生产周期缩短 25%，生产损耗降低 10%，库存周转效率提高 35%，产品质量提高 32%。

科远智慧构建"工业互联网平台"EmpoworX，并基于此推出"智慧电厂""智慧化工""智慧冶金""智慧建材""智能工厂"等一系列智慧工业解决方案，致力于帮助企业实现生产过程自动化、信息化、智能化，成为智能制造的先行者。还致力于将先进的自动化、信息化技术应用于城市建设和管理，推出水务、环卫、交通、政务等"智慧城市"完整解决方案，利用大数据、物联网、移动互联等新技术，通过构建基于大数据的综合管理和运营服务平台，实现城市智慧运转管控，以及多种能源的高效综合利用，为人类创造更美好的生活。

（六）企业数字化转型与机器人
替代情况总结

1. 数字化转型与机器人替代整体现状

从企业访谈和调研情况来看，中国制造业企业数字化转型总体还处于较低水平，机器人替代也有相当比例是自动化改造的结果，距离理想中的智能制造、黑灯工厂（无人工厂）还有很大差距，与媒体宣传的典型案例及渲染的繁荣景象形成巨大反差，具体表现在以下几个方面。

第一，具备较好的信息化基础、着手推进数字化转型的企业占比还很低。尽管课题组在各地实地访谈的企业均具有较好的信息化基础，在推动数字化转型、提高生产运营效率、替代人力方面取得了较为显著的成效，但更多企业的信息化、数字化建设还处于刚刚起步阶段。课题组走访的科远智慧——一家信息化智能化系统集成服务提供商，根据其对所属能源电力行业的观察，很多企业连电气自动化都没有完成，推动数字化转型不具备现实基础。

第二，数字化转型需要大量的投入，且具有不确定性，通常只有效益较好的大企业才有意愿、有条件去全面推进。课题组走访的企业，从规模来看基本都属于大型企业，盈利状况也普遍较好，具备实施数字化转型和机器人替代的必要资金实力。诸如青岛海尔、南钢、新柴股份等各行业龙头企业，更是在数字化建设中投入了巨大资源，才取得了显著成效。而中小企业出于成本的考虑，数字化转型的步伐普遍相对较慢；加上所属行业的一些具体特点，个别中小企业在数字化建设转型方面表现得非常谨慎。

第三，即使是行业龙头企业，要达到智能制造、无人工厂的理想状况也存在很大难度。根据走访中几家行业龙头企业负责人的经验介绍，制造业数字化转型大致划分为四个阶段：（1）开展简单的数据收集；（2）利用数据提高运营效率；（3）实现生产过程的可视化和过程可控；（4）根据上下游数据，实现预测性生产，打造无人工厂。即使作为行业龙头，目前大部分企业也只能做到第二或第三阶段，离第四阶段还有一定距离。企业认为现阶段实现数字化应用对生产经营的全面覆盖，成本太高，并不现实，比较务实的做法是选择关键性的、典型的应用场景进行数字化改造，这样更容易产生经济收益。

2. 数字化转型与机器人替代的主要成效

在课题组实地走访的 20 多家企业中，多数企业在生产环节的数字化转型和机器人替代方面进行了大量投入，并在替换人力、提高效率、提升质量等方面取得了较为显著的成效，主要体现为以下几个方面。

（1）大幅精简一线人员

在课题组走访的企业中，大多数在数字化转型和机器人替代过程中实现了生产一线人员的大幅度精简，其中，长流程连续型企业精简幅度尤为明显，基本都在50%以上。康尼机电在过去5年里，销售额由10亿元上升到30亿元，而一线生产工人反而由700人降至600人；青岛海尔滚筒洗衣机有限公司，与5年前相比，生产一线50%—60%的人工岗位被替代，物流环节替代率则高达70%—80%；北京ABB开关有限公司（以下简称北京ABB）开发了一套AI自动检测装置后，每条生产线所需检测人员由原先的6人降至1人，目前该公司87%的生产工序完全不需要人工参与；而北京奔驰汽车有限公司（以下简称北京奔驰）的生产线各环节95%以上都实现了无人化，剩余不到5%的人工岗位主要集中在产品抽样检验以及车内布线等要求较为精细的工种。

制造业特别是冶金、化工等长流程连续型行业，生产一线工作环境相对较差，这部分岗位实现机器人替代后，精简下来的员工通过转岗等方式充实到其他工作环境更好的岗位，对员工个人的福利带来极大提升。南钢在过去的10年时间里，累计投入30亿元用于数字化建设和机器人替代；"十四五"时期，南钢将进一步推动制造过程的智能化，把工作环境较差的岗位尽量用机器替换，打造智慧铁区，计划钢铁产能由目前的 1200 万吨提高到 1400 万吨的同时，将钢铁主业员工由 9200 人压缩到 5000 人。

数字化转型较为成功的企业普遍有着较好的经济效益，很多都处于扩张成长阶段，因此被精简的一线人员往往能够通过转岗或充实到新生产线两种方式予以消纳。例如，青岛海尔被替代的一线员工有一部分被集团扩大产能而在全球各地新建的工厂所吸纳；还有部分员工转岗，从事售后服务工作；另外通过对员工的系统性培训，将其由生产员工转化为知识员工，提升薪酬待遇，实现员工价值最大化。北汽奔驰，一线操作岗位被机器人替代后，增加了工艺规划等新岗位，有效吸纳被精简的一线员工。也有一部分被精简的一线岗位人员被转移到研发部门，经培训后从事工艺流程研发的辅助工作。

（2）提升效率降低成本

制造业企业在实施数字化转型和机器人替代，特别是推进生产线的自动化过程中，普遍实现了效率提升和成本降低。

正大制药在进驻中德生态园后，对生产线进行自动化改造，不仅大幅提高产能，而且将原材料使用率提高 2%，每盒药品成本明显下降。

　　江苏龙蟠科技股份有限公司（以下简称南京龙蟠）通过数字化建设和自动化改造，实现了生产、销售、采购等多部门之间信息流实时交换，提高了企业生产运营效率，以往需要 4 个人提前一周进行的排产工作，现在由 2 个人提前 2 小时便能完成。康尼机电在推进加工环节的机器人替代过程中，不少环节从人工改为机器人后加工效率提高 10 倍以上；而且其贯穿生产经营全流程的数字化、智能化系统有效支撑了内部组织的扁平化，提升了公司整体运营效率。北京奔驰在过去的 15 年里不断推广机器人的使用，其最初动机就是为了提高效率、降低成本。

　　（3）提高产品质量和稳定性

　　相比人工操作，机器人最大的优势就是不会疲劳、不容易出错，从而能够在提升产品质量的同时最大限度保证其品质的稳定性。这是所有实施机器人替代企业的共识。

　　北京 ABB 生产线使用 AI 图像识别技术，替代了原本由人工完成的产品质量检测任务，在降低劳动成本的同时，也避免了重复性劳动造成的人工出错率，有效提升了产品合格率。康尼机电的工信部智能制造新模式应用项目验收结果显示，截至 2019 年，企业数字化建设在增效降本的同时，实现了研发周期缩短 31.27%、产品固有可靠性水平提升 20% 以上。

四 数字化转型与机器人
替代的状况及问题

2016 年以来，随着《国务院关于深化"互联网 +
先进制造业"发展工业互联网的指导意见》《工业互
联网发展行动计划（2018—2020 年）》《智能制造发展
规划（2016—2020 年）》等国家层面智能制造、工业
互联网相关规划文件的陆续出台，制造业数字化转型
成为热点话题，并涌现出一批标杆型的"灯塔工厂"
"黑灯车间"。2018 年世界经济论坛联合麦肯锡先后进
行了 6 次"全球灯塔工厂"评选，截至 2021 年 3 月共
评选出 69 家"全球灯塔工厂"；其中，中国境内共有
21 家入选，全球占比最高，包括海尔、青岛啤酒、上
汽大通、宝钢、美的等 7 家中国本土工厂。中国标杆
企业跻身世界前列固然令人欣慰，但媒体的追逐性报
道也容易让人误以为中国制造业普遍达到了"灯塔工
厂""黑灯车间"的高水准。事实上，从课题组在福

建泉州、广东东莞等制造业基地的实地调研及问卷调查来看，国内具备良好信息化基础、着手数字化转型的企业占比还很低，多数企业还处于电气自动化尚未完成的工业 2.0 甚至工业 1.0 阶段，不具备推动数字化转型的现实基础。

为了更加全面客观地反映当前中国制造业企业数字化转型和机器人替代的基本状况及存在的问题挑战，本部分基于上海、广东、广西、福建、山东等省份企业的问卷调研数据，从企业开展数字化转型的动机，数字化转型和机器人替代的现状、成效和挑战，新冠肺炎疫情冲击和应对以及机器人替代的经济社会影响等方面展开分析。以期在前序部分典型案例分析和模式提炼的基础上，刻画中国企业数字化转型现状和初期成效，识别该领域具有普遍性的实施难点及衍生的经济社会问题。

问卷信息来源包含三个部分。一是针对上海高新技术企业的问卷调查。2020 年 6—8 月，课题组与上海科技管理干部学院合作，向上海高新技术企业发放《上海高新技术企业景气调查问卷》，共收回有效问卷 119 份，用于分析企业数字化转型的现状、成效和挑战。二是针对北京等地制造业企业的问卷调查。2020 年 9—12 月，课题组通过"问卷星"平台向北京、上海、江苏、浙江、福建、广东、山东等省（自治区、直辖市）企业发放《企业数字化建设与机器人替代情况调查问卷》，共收回有效问卷 71 份，用于分析企业数字化转型动机、数字化转型和机器人替代现状和成效、机器人替代的就业冲击等内容。三是针对疫情影响的问卷调查。2020 年 2 月 24 日至 3 月 4 日，课题组通过"问卷星"平台向福建泉州和广东佛山两地发放《数字化建设与新冠肺炎疫情应对企业调查问卷》，共收回有效问卷 126 份，旨在了解新冠肺炎疫情防控期间企业运营受到的影响，以及企业数字化、智能化建设在应对疫情中发挥的作用。

（一）数字化转型与机器人替代的实施动机

1. 数字化转型动机

图 4.1 展示了《企业数字化建设与机器人替代情况调查问卷》中关于企业开展数字化建设动机的调查结果。首先，在选项列示的政策、竞争、供给和需求等诸多因素中，日益激烈的行业竞争是被调研企业开展数字化转型的最大动机。超过半数的受访企业选择了"行业竞争激烈，企业需要依靠转型夺取存量市场"和"对标行业领先企业，为企业长期发展做准备"两个选项。可见，以竞争为主要特征的市场经济

条件下，如何在行业技术转型升级阶段保持自身竞争优势依然是影响企业经营决策的首要因素。

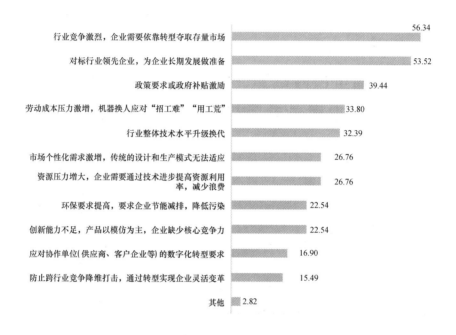

行业竞争激烈，企业需要依靠转型夺取存量市场　56.34

对标行业领先企业，为企业长期发展做准备　53.52

政策要求或政府补贴激励　39.44

劳动成本压力激增，机器换人应对"招工难""用工荒"　33.80

行业整体技术水平升级换代　32.39

市场个性化需求激增，传统的设计和生产模式无法适应　26.76

资源压力增大，企业需要通过技术进步提高资源利用率，减少浪费　26.76

环保要求提高，要求企业节能减排，降低污染　22.54

创新能力不足，产品以模仿为主，企业缺少核心竞争力　22.54

应对协作单位(供应商、客户企业等)的数字化转型要求　16.90

防止跨行业竞争降维打击，通过转型实现企业灵活变革　15.49

其他　2.82

图 4.1　企业数字化转型动机（%）

其次，政府政策引导是影响中国企业实施数字化转型的重要因素，39.44%的受访企业选择"政策要求或政府补贴激励"作为其决策的重要影响因素。为响应国家政策号召，各地政府相继出台智能制造相关发展规划，开展示范项目申报和评选等工作，在数字化转型的初期阶段发挥了重要的引导和支撑作用。

最后，劳动力供给条件对企业实施数字化转型和机器人替代的影响较为突出，33.8%的被调研企业选择了"劳动成本压力激增，机器换人应对'招工难'

'用工荒'"选项。后续分析将对制造企业实施机器人替代的原因、应对"招工难"问题等方面开展进一步的探讨。其他排名靠前的数字化转型动机还包括"市场个性化需求激增，传统的设计和生产模式无法适应"等需求侧因素，以及"资源压力增大，企业需要通过技术进步提高资源利用率，减少浪费""环保要求提高，要求企业节能减排，降低污染"等供给侧资源限制因素。

2. 不同行业企业的数字化转型动机对比

在收集的关于《企业数字化建设与机器人替代情况调查》的 71 份有效问卷中，包含制造业企业 43 家，信息传输、软件和信息技术服务业（即 ICT 服务业）12 家，剩余企业的行业分布零散，合并为其他，共 16 家。图 4.2 展示了上述三类行业企业实施数字化转型的动机比例，可以做出如下判断。首先，行业竞争和政府政策引导对推动三类行业的数字化转型都发挥了重要作用。"政府政策要求或政府补贴激励""行业竞争激烈，企业需要依靠转型夺取存量市场""对标行业领先企业，为企业长期发展做准备"三项在不同行业中都属于占比较高的转型动机。其次，劳动力和其他资源类生产要素供给对制造业的影响明显高于其他两类。制造业企业因"劳动力成本压力激增，机器换

人应对'招工难''用工荒'"和"资源压力增大，企
业需要通过技术进步提高资源利用率，减少浪费"而
实施数字化转型的占比显著高于 ICT 服务业和其他
行业。

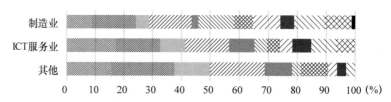

政策要求或政府补贴激励
行业竞争激烈，企业需要依靠转型夺取存量市场
创新能力不足，产品以模仿为主，企业缺少核心竞争力
对标行业领先企业，为企业长期发展做准备
防止跨行业竞争降维打击，通过转型实现企业灵活变革
劳动成本压力激增，机器换人应对"招工难""用工荒"
环保要求提高，要求企业节能减排，降低污染
资源压力增大，企业需要通过技术进步提高资源利用率，减少浪费
应对协作单位(供应商、客户企业等)的数字化转型要求
行业整体技术水平升级换代
市场个性化需求激增，传统的设计和生产模式无法适应
其他

图 4.2　不同行业企业数字化转型动机对比

随后，《企业数字化建设与机器人替代情况调查》
从 71 家受访企业中筛选出 52 家包含生产制造环节的
企业，对其购置自动化生产设备（即开展机器人替
代）的动机做出了进一步分析。根据问卷数据分析结
果和图 4－3 显示，在 52 家被调研企业中，共有 43 家
在 2010—2020 年购置过自动化生产设备，所占比重为
80.77%。其中，26 家企业（60.47%）选择了"原有

业务规模扩大"，25 家企业（58.14%）选择了"替代人工"作为其购置自动化设备的原因。这表明，扩大生产和劳动力替代是被调研企业实施机器人替代的主要驱动因素。相较而言，仅 15 家企业（34.88%）选择了"对标领先企业"，显著区别于数字化转型动机排序。表明企业在进行具体的设备选型或投资决策时，更多考虑自身的生产需求和劳动力等生产要素限制，受领军企业或行业转型趋势的影响较少。

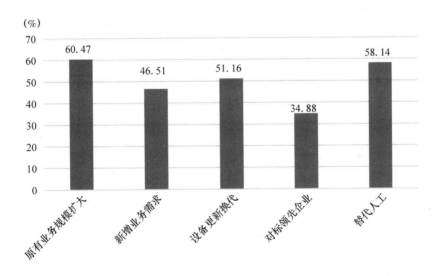

图 4-3　企业实施机器人替代动机

3. 数字化转型及机器人替代的内在动力总结

（1）市场竞争压力和生产经营的需要

制造业企业推进数字化转型及机器人替代最直接的动力还是来自市场激烈竞争的倒逼和企业生产经营的需要。

　　第一，对于很多传统制造业来说，激烈的市场竞争是倒逼企业推进数字化转型和机器人替代的首要动力。对于诸如钢铁、化工等传统产业来说，其产品技术工艺相对成熟，市场透明度较高，要在日趋激烈的市场竞争中赢得一席之地，必须从生产经营各环节入手，提质增效降本，才可能赢得主动。而数字化、自动化改造恰恰能够在提高效率、提升品质方面挖掘潜力。课题组走访南钢时了解到，钢铁行业作为传统产业，全国范围内产能严重过剩，由于钢铁销售体量巨大，钢铁企业之间的竞争到最后比拼的就是成本和质量等方面的细微差距；而数字化转型有望实现极致的成本下降和效率提升，同时还能提高产品质量的稳定性，从而满足市场竞争的需要。因此，钢铁企业对于推进自动化、数字化、智能化生产都有着非常高的积极性。

　　第二，中小企业规模壮大后，改进管理水平、提高运营效率、满足客户需求的现实需要。一些中小企业，特别是离散型中小企业，在规模较小时，由于业务量不大，通过人工排产、协调便能满足日常生产经营的需要；当业务量上升到一定程度后，人工管理便无法满足企业运营要求。例如，以大型海工高端装备零部件加工为主业的南京迪威尔，生产的都是定制化产品，离散型作业特征非常明显；早期业务量不大时，仅靠人工排产便能满足生产管理要求。当企业销售规模超过 6 亿元后，订单数量日益增多，无论是排产，还是现场进度管理，人工下单和协调的效率劣势都暴露无遗；有时为了回答某个客户关于产品加工进度的询问，便需要花费半天时间，以人工方式在不同工序间核查。由此倒逼企业上马 MES、WMS 等系统，以满足日常生产管理的需要。南瑞继保的信息化、数字化建设都是在满足企业不同阶段生产经营需要的基础上逐步推进的；2012 年之前，企业上马 ERP，只做了 OA 和 MIS 两套系统；2012 年后，企业进入快速发展阶段，原有的 ERP 系统无法满足运营管理要求，于是加紧上马 WMS、MES、供应链管理系统。

第三，领导者、决策层前瞻性思维和超前眼光，也是企业加快数字化转型、提高生产经营效率的重要驱动。新柴股份相关负责人认为，对于企业执行层来说，往往只关注自己职责范围内的事情，很少关注职责之外的工作，没有动力主动提出开展数字化信息化建设。在这种状况下，唯有通过决策层超前的思维和眼光，加上坚定的决心才能推动数字化转型。

（2）应对"招工难"和劳动力流失的举措

"招工难"和劳动力流失也是部分企业加速推进数字化转型和机器人替代的重要原因。通过中财管道的转型经验来看，2012 年以来受中国劳动年龄人口数量下降和互联网平台等新兴业态迅速扩张等宏观和行业因素影响，企业普遍面临"招工难"困境，加速生产线自动化改造、数字化转型的动力更多来自外部环境的倒逼。

需要指出的是，对于那些经济效益不错的行业领军企业，由于薪资待遇优厚，并不存在劳动力流失或招工难的情况。例如，康尼机电、南钢等，一线员工薪资待遇高达 14 万元/年，管理层考虑的是如何消化数字化转型过程中被机器人替代的一线员工。

（3）满足行业标准和政府监管的要求

部分特殊行业，如制药、电池等，为控制产品质量，对其制造过程有着较为严格的行业标准和监管要求。对生产过程进行数字化改造和机器人替代，有助于企业满足相关要求，因此也就成为这类企业加快数字化转型的重要动力。

以医药制造为例，国家药监部门在对药品进行认证时，要求反映企业生产状况和产品性能指标的数据为一次生成，不允许手工改动。对生产过程实施数字化和全自动化改造，便能很好地满足药监部门的这一要求。在锂电池制造行业，特别是车用锂电池制造，一些大型汽车制造商往往要求电池供应商的生产过程能够符合智能制造标准，以满足其整车制造的资质认证要求，同时也便于车企进行质量追踪；这就对企业制造过程的数字化智能化水平提出了更高的要求。

（二）数字化转型与机器人替代的
实施现状和成效

1. 数字化转型和机器人替代的实施现状

《上海高新技术企业景气调查问卷》从数据资产管理状况、数字化能力水平和数字化建设的组织保障三个角度，请受访企业对自身情况进行评估，以期对企业的数据基础、核心技术和配套机制等数字化转型现状进行刻画和分析。

（1）数据资产管理状况

企业对数据资源的采集、存储、分析和共享，是一切数字化转型实践的基础。课题组按照企业数据资源的采集、应用和联通程度，设计了 6 个逐层递进的选项。图 4.4 表明，尽管问卷调研对象是信息化基础较好的上海市高新技术企业，但是多数企业目前还处于数据资产管理的中、低阶段，主要聚焦企业内部数据的采集和联通，对外部数据（上下游产业链和三方平台）的关注程度较低。除 13.45% 的被调研企业尚未开展数据管理的企业样本之外，73.95% 的被调研企业在不同程度实现了企业内部数据的采集和联通，仅有 4.20% 的受访企业建立了上下游产业链的数据联通，8.40％的受访企业接入了第三方平台。

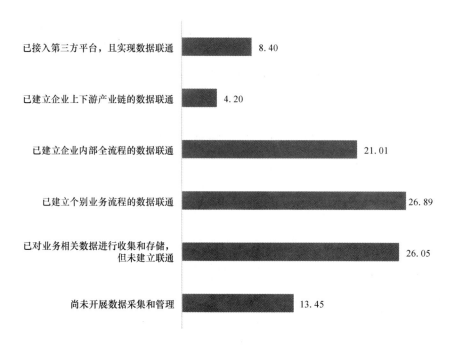

图 4.4　企业数据资产管理状况（％）

（2）数字化能力水平

数字化转型的本质是数字技术与传统产业的融合发展，通过将数字技术应用到产品生命周期和业务全流程中，实现显著的商业成效①。由此可见，数字技术是企业实施数字化转型过程中的核心技术支撑。基于既有文献和其他调研问卷的整理，本研究共选择了 13 项可以应用于企业经营管理、市场营销、生产制造、

---

① 肖静华：《企业跨体系数字化转型与管理适应性变革》，《改革》2020 年第 4 期。

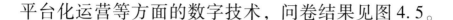

平台化运营等方面的数字技术，问卷结果见图4.5。

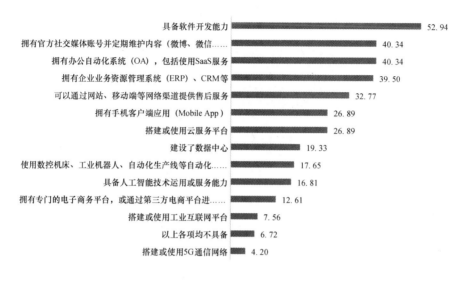

图4.5　企业数字化能力水平（%）

第一，整体而言，参与调研的上海高新技术企业数字技术应用水平较高。仅有6.72%的企业不具备任何数字化能力，而超过半数（52.94%）的企业具备软件自主开发能力。

第二，企业经营管理和市场营销环节的数字技术应用较为集中。有40.34%和39.50%的企业选择了办公自动化系统（OA）和企业业务资源管理系统（ERP），另有40.34%、32.77%和26.89%的企业使用社交媒体账号、网站和移动端、手机客户应用端等数字化运维和营销手段。上述技术选项的投入成本相对较低，且回报稳定、风险低，因而能够在数字化转型初期实现较为广泛的推广和应用。

　　第三，以大数据采集和分析为特征的新一代信息技术（包括数据中心、自动化生产设备、人工智能技术等）排名靠后，涉及新一代通信技术的工业互联网和 5G 网络的应用企业占比则更低。其原因可能包括相关技术的前期投入高且回报不确定，技术应用对企业资本、人力资源等配套设施要求高等方面。后续研究将对企业推进数字化转型面临的挑战和阻碍做出更为详细的分析。

　　（3）数字化建设的组织保障

　　数据资产和数字技术可以被视为数字化转型的基础和前提条件，然而越来越多的学者和专家指出，数字化转型的顺利实施通常还需要企业识别、匹配并不断完善与数字技术相适应的组织机制，包括企业数字化转型战略和目标设定、数字人才培养和招聘等[①]。有研究指出，数字技术配套机制的相关投入可能要远高于技术本身，需要技术应用企业和领导者给予充分关注[②]。为此，本

---

　　① Henriette, E., Feki, M., & Boughzala, I., "The Shape of Digital Transformation: A Systematic Literature Review", 9th Mediterranean Conference on Information Systems, 2015; Reis, J., Amorim, M., NFR Melão, & Matos, P., "Digital Transformation: A Literature Review and Guidelines for Future Research", World Conference on Information Systems & Technologies, Springer, Cham; 陈畴镛、许敬涵：《制造企业数字化转型能力评价体系及应用》，《科技管理研究》2020 年第 11 期。

　　② Brynjolfsson, E. and Hitt, L. M., "Beyond Computation: Information Technology, Organizational Transformation and Business Performance", *Journal of Economic perspectives*, Vol. 14, No. 4, 2000.

研究从战略目标、机构设置、员工技能等方面，设计了9个组织机制选项，图4.6展示了相关结果。

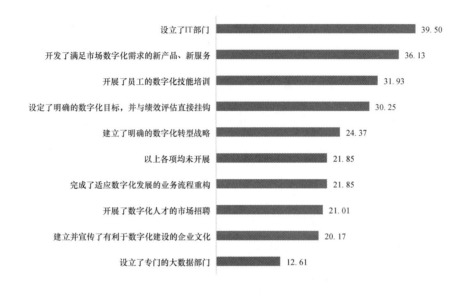

图4.6　企业数字化建设的组织保障（％）

首先，39.50％的被调研企业"设立了 IT 部门"，而仅有12.61％的被调研企业"设立了专门的大数据部门"，即数字化专职团队或部门依然普遍缺失。传统的 IT 部门虽然可以承担部分转型任务，但是数字化转型过程通常需要跨专业、跨学科、跨部门之间的交流合作。为此，除了传统 IT 部门的技术支撑以外，数字化专职团队或部门还应更多关注数字化业务创新、数字技术与操作技术融合发展等战略层面的工作内容①。

---

①　Horlacher A, Hess T.，"What Does a Chief Digital Officer Do? Managerial Tasks and Roles of a New C – Level Position in the Context of Digital Transformation"，Hawaii International Conference on System Sciences. IEEE，2016.

其次，在数字化组织保障领域，业务流程重构、人才招聘、企业文化建设等相关选项的排名靠后，可能因为上述选项的实施难度较大，需要转型企业给予更多关注。最后，21.85%的受访企业选择了"以上各项均未开展"，对比6.72%选择数字化能力"均不具备"的企业来看，也从一定程度上说明了企业数字化组织保障的部署落后于数字技术的应用。

2. 数字化转型成效

《上海高新技术企业景气调查问卷》从主营业务收入、生产运营效率、行业竞争力、就业和收入分配等方面设计了14项数字化转型成效选项，供被调研企业根据自身实际情况进行选择，图4.7展示了119份有效问卷的数据分析结果。首先，现阶段数字化转型的成效主要体现在"降本""增效"两个方面。具体表现为42.02%的企业认为数字化能够"降低成本（包括人力、材料、能源、运维成本等）"，33.61%的企业认为数字化能够"提高企业生产和运营效率"。其次，其他排名靠前的选项表明，数字化转型也在提升产品和服务质量、提高客户满意度、增强竞争力、提升营业收入等多个方面带来了积极影响。最后，根据企业主观评价，目前数字化转型对劳动就业和岗位设置的影响较小。与劳动就业和岗位设置相关的四个选项所占比例最低，即多数企业还未感受到数字化转型对其劳动就业产生的显著影响。其原因可能在于，中国企业的数字化转型还处于初期阶段，技术应用及其配套机制调整还需要一段时间的渗透和完善。因此，数字化转型在劳动就业、收入分配等方面的影响具有较长的时滞效应，需要对此进行持续关注。

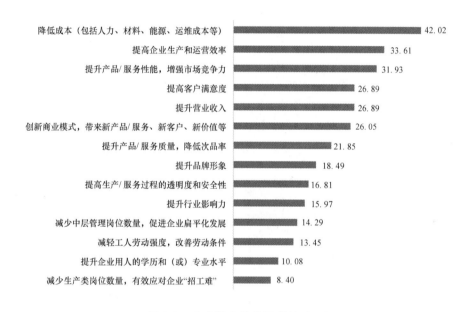

图 4.7　企业数字化转型成效（%）

　　为进一步区分数字化转型为企业带来的成效影响，《企业数字化建设与机器人替代情况调查问卷》邀请企业对数字化转型在提高主营业务收入、提升效率、促进创新三个方面的影响分别进行评估。在 71 家被调研企业中，有 11 家选择了"尚未开展数字化建设"，其余 60 家企业的调研结果见图 4.8。首先，企业对于数字化转型影响的整体评估较为正面。超过 2/3 的被调研企业认为数字化转型发挥了"显著"或"轻微"的正向影响，肯定了数字化转型在营业收入、生产运营效率和创新等方面的促进作用，仅有一家企业认为数字化转型"轻微阻碍"了创新活动。其次，与《上海高新技术企业景气调查问卷》的结果相似，数字化转型在效率促进方面的评价最高。反映出现阶段中国企业数字化转型更多集中在对生产制造、运营管理等效率改进方面，而技术进步在提高营业收入和促进创新方面的潜力还有待进一步挖掘。

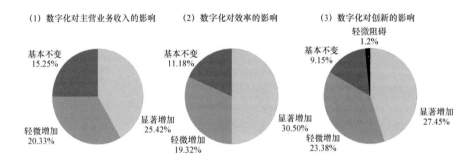

图 4.8   企业数字化转型成效的分项评估

3. 机器人替代对就业岗位和收入分配的影响

参与《企业数字化建设与机器人替代情况调查》的企业中共有 52 家包含生产制造环节企业，其中 42 家在 2010—2020 年购置过自动化生产设备，包括数控机床、机械臂、工业机器人、智能机床、3D 打印设备等。根据企业反馈信息，在 42 家购入自动化设备的企业中，41 家因新增设备及相关调整组织过内部员工培训，40 家开展过外部人才招聘。这表明，自动化生产设备的引进确实提高了对员工素质的要求，企业需要通过内部培训和外部招聘等渠道进行员工数字技能的匹配。

　　针对机器人替代对生产类岗位所带来的就业和收入影响，图4.9 和 4.10 分别对企业反馈信息进行了汇总。2010 年以来，实施"机器人替代"的被调研企业没有呈现显著的生产类岗位下降趋势。仅 13 家企业（30.95%）选择了生产类岗位减少，12 家企业（28.57%）认为岗位数量"与之前差不多"，而 17 家企业（40.48%）的生产类岗位甚至出现了增长。其原因可能在于，自动化设备虽然可以带来单一设备或生产线的劳动力替代，但设备运维等配套性岗位的增加、市场需求驱动的生产规模扩大等因素都能够部分或全部抵消其替代作用。在收入影响方面，被调研企业的生产类岗位整体工资水平有所提升。14 家企业（33.33%）选择工资增长低于 20%，19 家企业（45.24%）工资涨幅在 20%—50%，另有 2 家企业（4.76%）涨幅超过 50%。由此可见，生产类岗位薪酬水平受技术进步的负面冲击较少；而其上升趋势更多受到了从业人员整体学历和技能水平提高、各地普遍面临"招工难"困境等因素的影响。

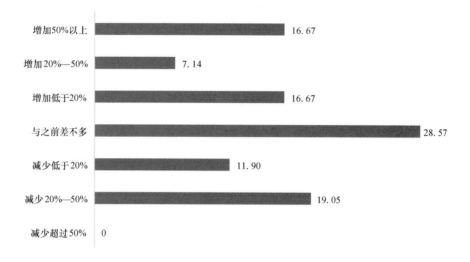

图 4.9　2010 年以来"机器人替代"企业的生产类岗位数量变化（%）

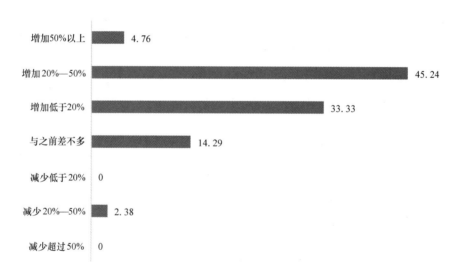

图 4.10　2010 年以来"机器人替代"企业的生产类岗位收入变化（%）

　　尽管现有数据无法支撑严格的统计推断，但相关数据趋势表明，机器人等自动化生产设备还没有展现出对生产类岗位的绝对替代作用，且生产类岗位薪酬也没有表现出技术进步所带来的负面冲击。该领域相关影响机制的梳理和验证，还需要在进一步梳理构建理论模型的基础上，开展更为广泛的数据采集、整理和分析工作。

（三）机器人替代与新冠肺炎疫情冲击

1. 新冠肺炎疫情防控初期企业受到的影响与冲击

《数字化建设与新冠肺炎疫情应对企业调查问卷》获取的 126 份企业数据涵盖大、中、小、微各类型企业，其中大型企业占比为 11.11%，中型企业占比为 30.16%，小微企业占比为 58.73%。企业以民营企业为主，占比为 73.81%，国有企业占比为 17.46%，外资企业占比为 8.73%。调查企业涵盖农林牧渔、制造、建筑、批发零售、住宿餐饮、信息传输、软件和信息技术服务等诸多行业，具体行业分布如图 4.11 所示。

2020 年 2 月底至 3 月初，中国大部分地区处于重大公共卫生突发事件一级响应状态，因疫情防控造成经济活动的系统性停摆，企业面临巨大的经营压力。本次问卷调研结果显示，高达 89% 的企业反映第一季度的营业收入比上年同期减少，且企业对第二季度及 2020 年下半年的营业收入也持较为悲观的态度，46%

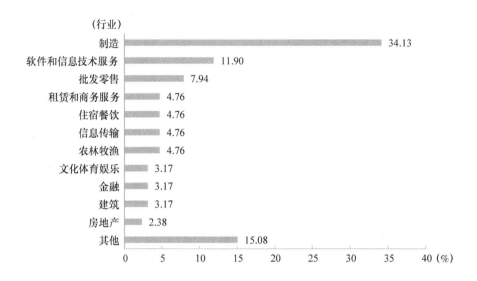

图 4.11 样本企业的行业分布情况

的企业预计 2020 年全年营业收入都将低于上年同期（如图 4.12 所示）。

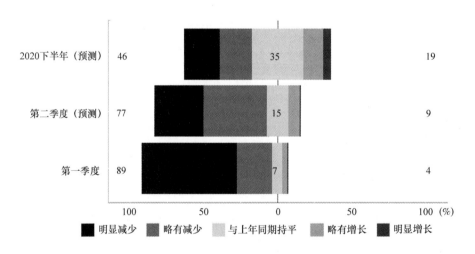

图 4.12 2020 年企业营业收入受疫情的影响情况

　　问卷将企业所受疫情影响分为"重度负面影响、轻度负面影响、没有影响、轻度正面影响、重度正面影响"五个等级，邀请企业从营业收入、复工复产、订单履行等多个方面进行评估。从行业来看，制造业企业中有67%的企业表示第一季度营业收入受到重度负面影响，农林牧渔业、建筑业、批发零售业、租赁和服务业的这一比例均在60%以上。住宿餐饮业、文化体育娱乐业、房地产业这一比例为100%，即所有受访企业均表示第一季度营业收入受到重度负面影响。与以上行业相比，信息传输业、软件和信息技术服务业受到的影响更小，约47%的企业表示第一季度营业收入受到重度负面影响。金融业受到的冲击最小，受访企业表示第一季度营业收入受到轻度负面影响或没有影响。企业对第二季度营业收入的预期整体好于第一季度，大多数企业认为与上年同期相比第二季度营业收入将受到轻度负面影响，但不同行业的预期存在较大差异，住宿餐饮业、文化体育娱乐业、房地产业、批发零售业、建筑业对第二季度的营业收入预期仍然很不乐观。企业对2020年下半年的营业收入预期普遍转好，大多数行业认为到2020年下半年企业营业收入能恢复到上年同期水平，其中住宿餐饮业、文化体育娱乐业和建筑业的预期最低，认为疫情对营业收入的负面影响将一直持续到年底。

2. 数字化转型与机器人替代在抗击疫情中的作用

（1）企业数字化建设程度与疫情影响

数字化建设程度不同的企业在疫情中受到的影响是否存在差异？本研究基于问卷中对企业数字化建设程度的调查，综合考虑企业在研发、采购、生产制造等环节的数字化程度评分，将企业的数字化建设程度分为三类：0 表示企业未在任何一个环节开展数字化建设；1 表示各环节算术平均后的数字化程度评分为0—50%，即较低程度的数字化建设；2 表示各环节算术平均后的数字化程度评分为 50%—100%（包含50%），即较高程度的数字化建设。课题组分析了三类企业在疫情防控初期的营业收入表现及预期，如图4.13 所示。从第一季度营业收入来看，三类企业并没有表现出显著差异。疫情初期由于经济系统性停滞的影响，企业第一季度营业收入普遍受到巨大冲击。

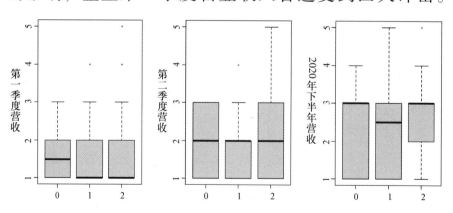

图 4.13　不同数字化建设程度企业的营业收入评价与预期

从第二季度和下半年的营业收入预期来看，数字化建设程度较低的企业比未开展数字化建设和数字化建设程度较高的企业表现出更低的营业收入预期。

（2）疫情防控初期企业采用的数字化措施

疫情防控初期，企业经营活动受到不同程度的抑制，停工停产和资金压力是多数企业面临的主要问题，一些企业借助远程办公、网络销售、自动化生产等措施缓解疫情带来的负面影响，取得一定效果。因此，本研究调查了企业对四项数字化措施（在线办公、网络销售、自动化生产线、机器人替代）的使用情况。

课题组首先考察了不同规模和不同所有制类型企业采用在线办公和拓展网络销售渠道的情况，如表4.1所示，采用在线办公措施方面，国有、外资企业的使用比例高于民营企业；从企业规模来看，中型企业的使用比例最高，且中型和小微企业的使用比例高于大型企业，表现出更高的灵活性。拓展网络销售渠道方面，国有和民营企业的使用比例均高于外资企业，一定程度上反映了国有、民营企业与本地网络销售平台具有更好的融合性；大型企业拓展网络销售渠道的比例明显高于中、小微企业。

表4.1   不同类型和规模企业的数字化措施使用情况   单位:%

		数字化措施	
		采用在线办公	拓展网络销售渠道
企业类型	国有	90.91	77.27
	民营	78.49	76.34
	外资	81.82	63.64
企业规模	大	78.57	85.71
	中	84.21	76.32
	小微	79.73	72.97

其次，课题组考察了制造业企业启用自动化生产线和使用机器人替代人工的情况，企业对两种措施的采用比例分别为47.62%和40.48%。受访制造业企业中民营企业占比很高（约为80%），这可能源于民营企业对于控制人力成本较为敏感，通过自动化改造和机器人替代的方式去应对近年来不断提升的劳动力成本。另外，课题组还从企业规模考察企业在两种措施采用上的差异。如表4.2所示，无论是自动化生产线，还是机器人替代措施，大型企业的使用比例显著高于中、小微型企业，小微企业的使用比例远远低于平均值，一定程度上反映了小微企业普遍不具备自动生产线和机器人替代的基础。

表4.2　　　　　　　　　制造业企业的数字化措施使用情况　　　　　　　单位:%

企业规模	启用自动化生产线	使用机器人替代人工
大	66.67	66.67
中	55.56	44.44
小微	33.33	27.78
所有企业	47.62	40.48

（3）数字化措施的短期效果

本研究进一步分析了对四项数字化措施（在线办公、网络销售、自动化生产线、机器人替代）在短期内应对疫情冲击的实际效果，如图4.14所示。采用在线办公和拓宽网络销售渠道是企业采用最多的数字化措施，受访企业中分别有81%和75%的企业表示使用这两项措施。但是企业对两项措施实际效果的认可度较低，表示中度或非常有用的企业比例分别为35%和

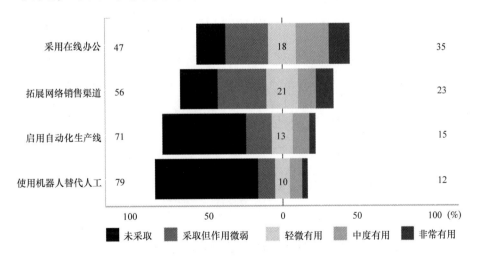

图4.14　四项数字化措施采用情况与效果评价

23%。从整体来看，企业对自动化生产线和机器人替代两项数字化措施的使用比例均不高，且对这两项措施的效果评价也较低。

3. 新冠肺炎疫情对数字化转型和机器人替代的影响

新冠肺炎疫情提高了企业推进数字化转型和机器人替代的意愿。问卷调查结果显示，80%以上的受访企业对数字化、智能化建设在疫情应对中的作用整体上持积极态度，认为数字化措施的关键性作用主要表现在两个方面：一是迅速协调上下游产销计划、降低损失；二是降低对人工的依赖，加快实现复工复产。部分制造企业反映，生产环节的数字化建设有助于企业快速调整产线，转产抗疫物资。16%的企业认为数字化、智能化建设没有作用，3.2%的企业认为起到负面作用。本次疫情一定程度上提高了企业对数字化建设的重视，对于疫情之后是否会提高数字化、智能化投入，68.25%的企业表示会，30.16%的企业表示不确定，只有1.59%明确表示不会提高投入。

（四）推动机器人替代面临障碍及存在问题

1. 企业实施数字化转型的障碍和挑战

根据《上海高新技术企业景气调查问卷》的分析

结果显示（见图 4.15），资金和人才短缺是现阶段制约企业数字化建设的最主要因素。47.06% 的企业认为"数字化建设前期投入高，但投入回报存在较大的不确定性"，即数字化资金投入的不确定性阻碍了企业做出相关决策；另有 41.18% 的企业认为"数字化建设资金不足"，直接阻碍了数字化进展。除了与资金投入相关的因素以外，38.66% 的企业将"数字化人才缺失，对员工素质要求提高"选为数字化的主要挑战。

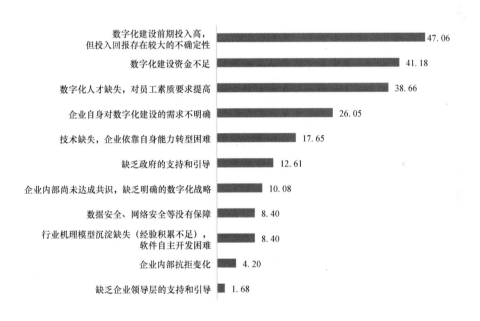

图 4.15　企业数字化转型面临的挑战（%）

相较而言，与数字化转型相关的技术挑战和战略规划等面临的阻碍较小。仅有 17.65% 的企业认为数字化相关"技术缺失，企业依靠自身能力转型困难"，数据和网络安全、机理模型和软件等相关技术因素选项的占比更低（8.4%）。同时，企业数字化战略的规划和实施、企业领导层支持、政府引导等方面对企业转型带来的阻碍则更少，相关选项占比大多不足10%且排名靠后。

接下来，课题组将《上海高新技术企业景气调查问卷》收回的119份有效问卷，按照企业2019年主营业务收入划分为大型、中型和小型企业，其中主营业务收入低于2000万元的小型企业共43家，2000万—4亿元的中型企业共64家，超过4亿元的大型企业共12家。图4.16展示了不同规模企业在实施数字化转型过

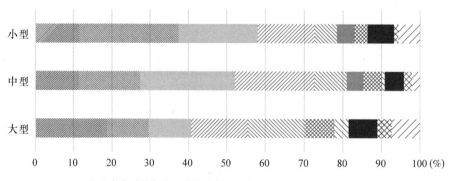

※企业自身对数字化建设的需求不明确

§数字化建设资金不足

数字化建设前期投入高，但投入回报存在较大的不确定性

数字化人才缺失，对员工素质要求提高

技术缺失，企业依靠自身能力转型困难

行业机理模型沉淀缺失（经验积累不足），软件自主开发困难

企业内部尚未达成共识，缺乏明确的数字化战略

缺乏企业领导层的支持和引导

缺乏政府的支持和引导

企业内部抗拒变化

数据安全、网络安全等没有保障

图4.16　不同规模企业数字化转型挑战对比

程中的主要挑战选项占比。由此可知，第一，"数字化
建设资金不足"和"数字化建设前期投入高，但投入
回报存在较大的不确定性"等资金因素主要对中、小
型企业转型造成了限制，大型企业的资金约束相对较
小；第二，"数字化人才缺失，对员工素质要求提高"
对大、中、小型企业而言，都是转型的难点所在；第
三，更多的大型企业担心"企业自身对数字化建设的
需求不明确"，说明企业在具备了转型资金和其他前提
条件后，需要更加明确的数字化应用场景，推动数字
化落地实施。

2. 机器人替代衍生的经济社会问题

根据前序章节的分析内容可知，现阶段机器人替
代还没有形成对中国生产类就业岗位和收入水平的负
面冲击。相反地，大多数制造类企业普遍面临"招工
难"、人才短缺等用工问题，实施"机器人替代"更
多是企业为应对经济社会变化而做出的"被动选择"。

《企业数字化建设与机器人替代情况调查》结果显
示，2010 年以来，73.08% 的被调研制造类企业面临
"招工难"问题。其中，大多数企业面临生产岗位
（90.0%）和技术岗位（77.5%）的招聘困难，管理
类岗位占比较低（25.0%），见图 4.17。在企业反馈
的"招工难"原因中，外部因素的占比或影响更大，

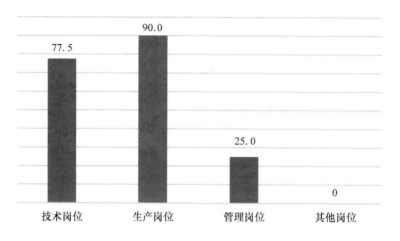

图4.17 企业缺工岗位类别及情况（%）

企业很难通过提升工资水平、改善工作条件等方法吸引员工。由图 4.18 可知，企业选择较多的原因包括"用工企业多，用工需求大""应聘人员不少，但无法满足岗位技能要求""应聘人员少""在职人员流失严

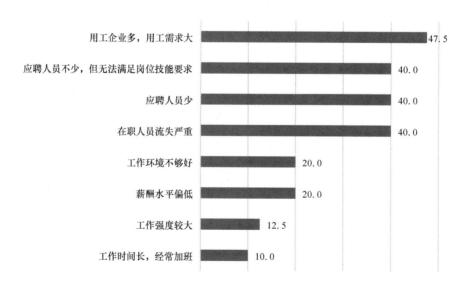

图4.18 企业"招工难"原因（%）

重"，反映出中国制造业（高技能）劳动要素市场供不应求的整体局面。受近年来互联网企业迅速发展，快递、外卖配送等低技能服务业岗位数量激增等趋势的影响，制造业劳动力流失问题愈加严重。

五 数字化转型与机器人替代的
未来趋势及对策建议

（一）数字化转型与机器人替代的基本趋势

2018 年以来，以 5G 商用为契机，与制造业数字化转型、工业 4.0 密切相关的工业互联网受到社会各界高度关注。在媒体的渲染下，工业互联网似乎也要再现当年信息互联网、消费互联网的场景，迎来一波爆发式增长。然而，从课题组实地走访的情况来看，制造业过程的复杂性、工程技术的行业专有性等特征，决定了制造业数字化转型、机器人替代以及工业互联网建设推广不太会出现类似信息互联网、消费互联网爆发式增长及赢者通吃的情形，更大的可能是以一种渐进式、多样化、差异性的方式实现。就目前而言，已大致显现出以下规律和趋势。

1. 数字化转型和机器人替代是个循序渐进的过程

制造业的数字化转型和机器人替代是一个循序渐进推进的过程，这是由数字化建设成本、制造业技术工艺复杂度等因素共同决定的。

一方面，制造业的数字化建设和机器人替代需要大量投入，企业的资金实力通常难以一次性完成。从走访企业的实际情况来看，企业家在推进数字化建设中都很务实，无论是数字化转型较为成功的标杆企业，还是那些还处于信息化建设阶段的企业，都是根据生产经营实际需要逐步实施数字化建设及机器人替代；对于民营企业来说更是如此，企业负责人都是在前期投入产生明显的效益后才愿意加大投入。诸如中财管道、新柴股份、南瑞继保、南钢等企业，都花费 20 年左右时间，从 ERP 等企业信息化建设开始，针对生产经营的不同模块逐个搭建系统；在此基础上再进行内部整合、集成，实现各环节模块的连通和协同。对于从事精细化工、生物医药等具有多品种、小批量特点的行业的企业来说，也都按照自己的节奏推进数字化转型和机器人替代，而不是一味迎合追求新概念。例如，浙江新和成、正大（青岛）制药，其数字化转型工作还处于企业内部信息化建设阶段。

另一方面，制造业数字化转型涉及复杂的技术工艺和应用场景，需要 IT 人员与工程技术人员的协同配合，而不仅仅是软件开发和系统平台搭建那么简单。新柴股份在企业信息化建设初期，一度将上马信息化软件系统当作目标，开发 ERP 的目的就是企业能有 ERP 系统。一些信息化系统真正运行后，企业才发现没有生产过程的技术工艺支撑，这些软件系统无法发挥提质增效的作用。此后，企业开始转变思路，在开发 PLM 时，强调以技术工艺为先导，使系统能够按照企业技术特点实现对生产经营过程的有效管理和协同。从走访企业的具体情况来看，对于工艺流程相对简单的制造环节，已经能较好实现自动化、数字化和智能化，但是对于那些复杂工艺，即便是实现全自动化也非轻而易举。

2. 数字化转型模式进程具有鲜明的行业区域特点

制造业不同领域的行业技术工艺特征及区域产业生态存在很大差异，数字化转型和机器人替代进程也由此形成鲜明的行业区域特点。

从行业领域来看，长流程连续型行业，如钢铁冶金、车辆、家电等，数字化和机器人替代程度普遍较高。这类行业，技术工艺通常较为成熟，加工过程更容易实现标准化操作，且通常具有品种少、规模大的优势，进行数字化改造和机器人替代的成本相对更低。

课题组走访的北京奔驰、南钢、新柴股份、康尼机电、青岛海尔等企业，一线操作岗位人工占比几乎都在10%以下。精细化工、医药制造等行业，很多属于间歇性生产，对生产过程的时间衔接要求不高，加上多品种、小批量的生产特点，设备数字化改造成本较高，数字化和机器人替代的程度相对较低。如浙江新和成，企业主要还是通过产品协同、原料协同、创新协同来实现提质增效。一些具有定制化特征的大型装备制造企业，由于离散型的生产特点，其数字化和自动化程度也相对较低。作为一家数字化和自动化集成方案提供商，科远智慧认为，离散型制造领域的中小企业只需花费几十万元上马一套小型生产过程执行管理系统（MES）就能满足日常生产经营需要，只有长流程连续型企业才有必要上一套覆盖面广、较为完备的 MES。另外，不同行业的数字化、智能化系统存在很大差异，很难跨行业移植。课题组走访的正大制药（青岛）有限公司（其前身是青岛海尔药业有限公司），智能制造、数字化转型也提了很多年，但进展一直相对滞后，除了制药行业的生产特点外，还有一个重要因素就是，海尔集团上线的所有系统都是为适应家电制造而打造的，并不适合制药企业；而企业作为海尔子公司，在海尔工业园内，又不允许拥有独立的 IT 系统等。

　　从区域来看，不同地区的产业结构和生态体系对于特定产业数字化转型也有着重要影响。例如，浙江新昌以轴承作为支柱产业，整个县域内分布着 2000 多家轴承加工，这为轴承设备制造商浙江陀曼转型为轴承行业数字化集成服务提供商创造了先决条件。而福建泉州制鞋业高度集聚，全市有 3000 多条生产线，使得晋江华昂开发的智能化制鞋数字孪生系统有着巨大的推广空间。

3. 企业数字化转型意识增强，推进速度在加快

经过近 20 年包括信息化建设、"两化"融合和数字经济、人工智能等热点和潮流的不断冲击和洗礼，制造业企业从最初被动适应中获得了收益，并逐步具备了推进数字化转型的自觉意识。新柴股份等制造业企业的转型案例表明，无论是企业高层，还是中层管理人员以及一线员工，对信息化、数字化转型等内容已经具备了较为完整的理解，感受到了信息化、数字化建设带来的降本提效等切实收益，企业转型所面临的内部阻力显著降低。

除了生产运营过程中的观念转变，上游（设备）供应商也为制造企业数字化转型提供了配套的基础性便利。中财管道负责人提及，近几年采购的新设备在数字化配套方面有了很大改进，大多数设备都预留好相应的传感器和数据接口，大大加快了下游制造企业

数字化转型的速度。浙江陀曼作为轴承行业数字化转型集成服务提供商，不仅在其生产的设备中预留了各种必要的传感器和数据接口，而且还能为既有的旧设备提供便捷的数字化改造服务。这些配套的技术和服务，为后续制造业企业加快数字化转型及机器人替代的步伐创造了良好的前提条件。

（二）数字化转型与机器人
替代面临的问题

尽管各地区、各领域不乏推动数字化转型和机器人替代实现提质增效的典型案例，但即便是标杆性企业也面临技术支撑、投入回报、产业生态等方面的问题和制约。

1. 技术层面的制约和挑战

第一，制造业企业推进数字化转型，技术层面最直接的制约来自信息技术（IT）与制造过程操作技术（OT）的有效融合。制造业数字化转型就是要借助数字技术，更好地实现原有依赖人工操作的制造工艺和流程；掌握计算机软硬件技术的 IT 人员只有在充分理解制造工艺、操作技术的前提下，才可能将其通过软硬件加以实现。不同行业的制造工艺千差万别，IT 人员不可能深入了解每一个行业，而 OT 人员如果缺乏 IT 方面的知识背景又很难将其以 IT 人员易于理解的方式提出数字化建设需求。南钢的解决办法是，在企业内部培养既懂 OT 又懂 IT 的IT – OT 翻译官。

第二，数字技能人才的短缺成为制约制造业数字化转型进程的重要瓶颈。2012 年以后，互联网平台经济的爆发式增长大幅抬高了 IT 人员的薪资水平，传统制造业在待遇上毫无竞争力和吸引力；在 IT 人才看来，进入传统制造业自身从事的并非公司主业，职业前景并不看好。这使得即使在南京这样人才汇集的城市，诸如南瑞继保、康尼机电这样的行业标杆企业也面临"招人难"的困境。IT 人员进来后，能否与企业 OT 人员有效融合深度参与企业生产经营流程的数字化改造也有很大不确定性。事实上，从北汽奔驰、北京 ABB 等公司的经验来看，在数字化转型中发挥关键作用的技术人才往往不是来自 IT 部门，而是那些工艺和创新部门自学 IT 技能的专业技术人才。而这种"IT + OT"复合人才的培育成长过程漫长，往往满足不了企业快速发展的需要。

第三，软件和算法方面的进步难以支撑制造业企业对生产效率和产品质量的极致追求。从南钢的体会来看，IT 的进步更多表现在硬件方面，而软件和算法（包括数学）方面的进步并不是很快，这使得企业在数字化建设中往往投入巨大但效率提升无法达到预期。南瑞继保则专门提及 AI 技术（算法）存在的类似困境。目前，AI 技术在工业领域的应用大多还局限于简单的 APS 排产。尽管从消费服务领域来看，AI 技术似乎实现了较大进步，但相比消费服务领域，制造业有着严格的数据精度和准确度要求，企业对于 AI 技术在制造环节的应用落地态度更为谨慎。

第四，数字化和自动化的核心技术受制于人，给后续数字化转型的深入推进留下了潜在隐患。从课题组走访企业反映的情况来看，受制于国外的核心技术主要包括芯片、控制系统和工业软件。

2. 企业投入巨大，但难以直接快速获得回报

一方面，数字化建设的巨大投入往往不能直接体现在企业盈利中。正如北京 ABB 相关负责人所指出的，自动化、机器人替代的投入回报还比较容易测算，但全面数字化建设带来企业整体运营效率的提升这种收益很难与投入一一对应，难以准确核算出每一项投资的具体回报；当企业股东或实际控制人在考察成本收益时，管理层很难解释这部分投资所对应的回报、收益归在哪个部分。尽管有的企业由于经营状况较好，有能力也有意愿以大量投资推动数字化建设，然而，对大多数企业来说，还是必须直面数字化建设和盈利

目标能否匹配的问题，毕竟企业的最终目标还是要盈利。

另一方面，数字化建设沉淀下来的数据要素作为宝贵资源，其巨大的内在价值还有待挖掘。数字化转型回报与投入的不对称，还有一个重要原因在于数字化转型后所积累的数据要素资源的价值尚未挖掘和显性化。事实上，即使少数数字化程度极高的企业，对数据要素的利用仍处于初级阶段。北汽奔驰、北京ABB等头部企业面临的一个很大困惑就是，如何找到合适的大数据应用场景；新柴股份从事信息化数字化建设 30 多年，近期才着手与科大讯飞合作，尝试将声音数据和 AI 技术用于故障识别。

3. 数字化转型纵深推进的外部环境约束

（1）新业态对传统业态的冲击

数字经济的发展催生了许多新模式、新业态，对劳动力市场结构和资源配置方式产生了深远影响。依托互联网平台发展形成的外卖骑手、网约车司机等新就业形态，以其灵活的就业方式受到越来越多劳动者的青睐，更在疫情之后引发了全社会的广泛关注。课题组在广东、福建、江苏、浙江等地的实地调研发现，制造业企业普遍面临"招工难"和一线工人劳动力成本上升的问题，而其中一个重要的原因就是新就业形态较高的收入水平和相对灵活的工作状态吸引了大量劳动力。为了更深入地了解这一问题，课题组前往新就业形态代表性平台企业滴滴公司进行了调研。课题组借助滴滴问卷平台，收集到4.3万份网约车司机问卷调查数据，基于此对网约车新就业形态的发展现状、对传统就业结构的影响进行了实证研究。

问卷数据显示，新就业形态相关从业人员绝大多数来自就业转移而非就业创造。如果只看纯粹的就业创造，即将没有工作的人（失业、无业）和应届毕业生的就业视为就业创造，那么在参与问卷调查的3.1万个网约车专职司机岗位中，只有6%可算作是新创造的就业岗位；而其余岗位则是对制造业、交通运输业、批发零售业、建筑业和住宿餐饮业等传统行业转移劳动力的吸纳。课题组对网约车专职司机和兼职司机分别进行了分析。数据显示，专职司机主要来自制造业、交通运输业、批发零售业、建筑业和住宿餐饮业等，即超过一半来自制造业和传统服务业。课题组对兼职司机所从事本职工作岗位的行业分布也进行了分析，数据分析结果显示，制造业、交通运输业和建筑业也是主要来源，但来自居民服务/修理和其他服务业、卫生/教育/公共管理/机关团体、信息传输、软件和信息技术服务业等行业的占比显著高于专职司机。总体来看，无论是专职司机，还是兼职司机，来自制造业

（兼职司机当前的主职工作）的比例均超过20%，来自制造业、交通运输业、批发零售业、建筑业和住宿餐饮业五大行业的比例超过60%。新就业形态在吸纳第一、第二产业剩余劳动力的同时，也对传统行业吸引劳动力带来巨大挑战，对制造业的冲击尤为显著。来自互联网平台的调查印证了企业调研中发现的制造业"招工难"、劳动力成本高等问题，且一定程度上正在倒逼制造业企业推动数字化转型和机器人替代。

（2）工业互联网的发展制约

未来促进制造业数字化转型向纵深推进，一个必然的趋势和方向是，在既有企业信息化、数字化改造的基础上，构建若干工业互联网平台，实现更大范围的交互、协同，实现经济社会运行效率的进一步提升。然而，工业互联网平台本质上是一种新型的产业生态组织方式和载体，其建设不可能一蹴而就，在此过程中必然面临来自平台以外各参与方的制约。

第一，工业互联网平台的建设直接受制于接入平台企业（主体）的信息化数字化基础。以海尔集团为例，其打造的卡奥斯工业互联网平台，旨在将上游供应商、下游经销商和配套产品服务商全部汇集于平台，通过实时的数据信息交换，实现从消费者直达制造商的C2M产业生态。然而，由于上下游供货商、渠道商的数字化水平参差不齐，在实际推广过程，海尔集团需要协调驱动其他企业开展数字化，面临很大挑战。南钢在推进自身数字化转型和机器人替代的同时也搭建了对接上下游供应商和客户的云平台，但上下游企业并不是每一家都对数字化建设的意义有着清晰认知的。从某种意义上说，基于工业互联网平台的产业生态能否协同运转，很大程度上取决于数字化建设较为滞后的那部分主体。

第二，平台中各主体间的数据共享以及由此引发的数据安全问题也是制约工业互联网发展的关键因素。事实上，依托工业互联网平台，打通产业链上下游企业间的数据交换共享渠道，在技术上实现并非难事，真正的制约来自客户和供应商开放数据的意愿。从客户角度来说，重点客户一旦接入平台并开放数据后，某种程度就意味着企业被平台所绑定；从生产企业角度来说，企业生产的物料清单、过程控制等开放在工业互联网平台，一旦为竞争对手获得，企业将无任何商业机密可言。正如北汽奔驰、北京中航智等企业所指出的，工业互联网的构想和前景很美好，但如果不能妥善解决好数据安全问题，很难真正落地。浙江陀曼在解决企业数据安全方面给出的方案是，设备采集的数据在客户端（企业内部）进行边缘计算，形成相对汇总的数据后再上传到工业互联网平台；平台上获取的已经是颗粒度较粗的数据，但也能用于提供企业运营状况综合分析的服务，并进一步汇总形成更为综合性的行业（区域）数据信息。

第三，工业互联网建设主体及网络通信技术的选择也存在很多现实的矛盾。目前，5G 网络的个人用户版本已经确定，但企业用户版本标准尚未确定，内网性质的工业互联网平台最终由谁来建设，如果由 5G 运营商建设则必然带来数据安全和企业商业机密的问题。如果由企业自行建设，固然会通过防火墙、授权、数据加密、物理隔离等方式实施多重保护，但一旦接入 5G 公有云进行数据传输交换，数据安全还是难以保证。另外，5G 最大的优势在于低时延远程控制，然而，工业生产中，真正需要低时延远程控制的场景并不多，大多数场景都是就近控制，无需 5G 通信便能有效实现。

（三）未来发展与政策建议

企业数字化转型呈现的上述发展态势表明，随着数字经济的快速发展渗透，机器人替代规模的扩大已经是必然趋势，未来须顺应趋势积极应对，防范大规模技术性失业带来的风险。在推动数字化转型和机器人替代的过程中，要兼顾人力资本的培养与积累，针对已经或可能出现的问题积极应对解决，为此有以下几个方面的政策建议。

1. 循序渐进地推进企业数字化转型和机器人替代进程

第一，各级政府主管部门应更加理性地看待企业数字化转型所处阶段，循序渐进地推动企业数字化改造和机器人替代。既要关注少数领先企业所展示出的智能制造场景，将其作为企业数字化转型的典型和标杆，更要客观地看待广大中小企业自动化、信息化、数字化建设所处的真实阶段，充分认识中国制造业领域工业 1.0、工业 2.0、工业 3.0、工业 4.0 并存的现实国情。

第二，转变企业观念，提高企业实施数字化改造的内在动力。推进制造业数字化转型需要广大制造业企业特别是数量庞大的中小企业积极参与。政府部门无法替代企业进行决策，但可以通过培训、参展、研讨等形式，提升中小企业负责人对数字化、智能化转型的认知，增强其转型意愿和内在动力。

第三，夯实基础，循序渐进地推动制造业整体数字化转型。着眼于广大中小企业，在客观评估其信息化、数字化水平基础上，制订与其信息化程度相匹配的信息化建设方案；以中小企业信息化建设为抓手，着力夯实制造业整体数字化转型基础。

第四，切实发挥政府资金杠杆作用，切实降低企业数字化转型所面临的风险。改变政府支持的方式，将有限的政府资金更多用于职工数字技能培训、云平台等数字基础设施建设、数字化共性技术开发等准公共服务方面，降低中小企业数字化改造的隐性成本。

2. 加强对"技术性失业"群体的社会保障

虽然当前机器人替代尚未引发大规模的"技术性失业"危机，但是局部问题仍然存在。未来随着企业数字化转型和机器人替代进程的推进，部分行业将面临较大的短期风险，因此政策上应当未雨绸缪，加强对"技术性失业"群体的社会保障，保障机器人替代过程中中低技能劳动力的平稳过渡。

首先，加强中低技能劳动力的职业教育和就业保障，营造终身学习文化。近年来各行各业对劳动力技能的要求都在提升，特别是数字技能的要求越来越高，企业需要花费大量的时间和成本培养中低端技能劳动者，让他们具备工作所需要的数字技能，这个步骤如果能在职业学院和大专院校完成会更好。因此，有必要在职业教育中加强新兴就业市场劳动者的数字技能培养，为新兴就业市场的年轻劳动者提供更好的就业保障。在文化教育和技能培训过程中，要强调终身学习的重要性，确立创建学习型社会（社区）的目标。

其次，大胆创新保险、福利、培训、金融等系统性配套政策，加强对灵活就业人员的保障。近年来，制造业和新业态部门的中低技能劳动力流动性显著增加，"技术性失业"风险较高的就业群体从事灵活就业型工作的比例越来越高，因此应当从灵活就业模式入手加强社会保障。社会保障部门应积极探索灵活就业用工的社会保障新模式，一方面加强对"技术性失业"群体的失业保障，另一方面鼓励企业、个人和保险企业，共同设立职业保障基金，建立完善灵活就业群体基本权益和社会保障长效机制。

3. 切实推动中长期制造业人力资本积累

机器人替代过程本质上是一个淘汰制造业低技能劳动力、培育高技能劳动力的过程，未来制造业向高附加值环节迁移以及国际竞争力的提升最终都依赖于人才竞争力，因此中国应当抓住机器人替代的关键机遇期，顺应市场潮流，切实推动中长期制造业人力资本积累，为制造业向高附加值环节跃升提供持久的内在动力。当前一些制造业企业已经开始探索服务于自身发展的制造业人才培养计划，但对于中国庞大的制造业体系和分散各地的中小企业来说，市场驱动的变革远远不够。制造业人才培养需要更加完善的顶层设计，从市场、教育、社会保障等多方面入手，切实提高制造业对人才的吸引力，并为中长期内制造业高质量发展提供持续的人力资本积累。

第一，将制造业技术人才培养纳入人才强国战略的顶层设计，对职业资格制度、职称制度、人才评价制度、劳动保障制度进行适应性的改革和调整。一是借鉴德国和日本的经验，建立科学的制造业技术类职业资格框架体系及职业资格认证制度，畅通技术类人才的晋升通道，降低技术工人向技术工程师晋升的门槛，为建立合理的人才梯队奠定制度基础，提升技术类职业的吸引力。二是扩大工程师职称制度的覆盖面，将国企、事业单位的工程师职称体系推广到民营企业特别是中小企业，鼓励民营企业构建与职称相匹配的薪酬体系，促进国有、民营企业的技术人才流动。三是完善技术类人才评价制度，设置研发型技术工程师和实践型技术工程师的分类评价体系，重视实践型技术人才的认定，促进各行各业"能工巧匠"的培养，建立国家层面的高级技术工人与技术工程师人才库。四是完善高级技术工人的劳动和福利保障，使高级技工可以享受和研发型技术工程师相同的福利待遇，提升社会对技工职业的认同感。

第二，工程学科教育应兼顾和平衡通识教育和专业技能教育，大力提升工程制造学科的职业教育水平，畅通工程职业教育向研究型高等教育的转换深造渠道。

当前中国职业教育的吸引力远远低于普通教育，一个客观原因是职业教育水平普遍偏低，未来应以工程制造学科为突破口，大力提升职业教育水平。一是鼓励一批工科见长的普通本科高等学校向应用型转变，打造工程职业教育的品牌院校。二是提升工程类职业教育机构的公有化比例，纳入教育部的考核监管范畴，降低学生接受高质量职业教育的门槛。三是职业教育培养模式中应兼顾和平衡通识教育与专业技能实训，创新"学徒制"模式，推动职业技能培训与技术类职业资格认定有效接轨，保证学生获得实实在在的技能，毕业达到相关岗位的就业资格。四是畅通职业院校学生和企业技术工人的深造通道，鼓励具有一定技术职级的技术工人申请进入研究型大学工程教育学科继续深造，将技术实践技能纳入录用的考核范围。

第三，重视数字技能、先进制造技能等未来产业发展所需技能的开发和培养，推广终身学习，建设学习型社会。制造业技术人才的培养应当紧跟技术变革的脚步，在国家层面建立国民技能提升的整体规划。一是在人社部设置职业技能开发研究院，负责先进技术相关数字技能、工业技能的前沿追踪和课程开发、学徒制培训内容的研发，以及实际运行过程中的质量管理。二是整合专业学会、行业协会资源，设立制造业技能委员会，协助高等院校、职业院校与企业实践的项目对接，丰富学生实习内容和学徒项目。三是搭建面向成人的技能学习平台，邀请企业在平台上发布课程、提供实习信息，对于积极参与劳动力技能培训的企业，政府制定有效的激励措施进行资助和补贴。四是在职业教育和技能培训过程中，要强调终身学习的重要性，创建学习型社会氛围。

参考文献

陈畴镛、许敬涵：《制造企业数字化转型能力评价体系及应用》，《科技管理研究》2020 年第 11 期。

马晔风、蔡跃洲、陈楠：《企业数字化建设对新冠肺炎疫情应对的影响与作用》，《产业经济评论》2020 年第 5 期。

肖静华：《企业跨体系数字化转型与管理适应性变革》，《改革》2020 年第 4 期。

中国人工智能产业发展联盟：《人工智能助力新冠疫情防控调研报告》，2020 年。

中国信息通信研究院：《2017 年中国人工智能产业数据报告》，2018 年 2 月。

Brynjolfsson, E. and Hitt, L. M., "Beyond Computation: Information Technology, Organizational Transformation and Business Performance", *Journal of Economic perspectives*, Vol. 14, No. 4, 2000.

Henriette, E., Feki, M., & Boughzala, I., "The Shape of Digital Transformation: A Systematic Literature Review", 9th Mediterranean Conference on Information Systems, 2015.

Horlacher A, Hess T., "What Does a Chief Digital Officer Do? Managerial Tasks and Roles of a New C − Level Position in the Context of Digital Transformation", Hawaii International Conference on System Sciences. IEEE, 2016.

Reis, J., Amorim, M., NFR Melão, & Matos, P., "Digital Transformation: A Literature Review and Guidelines for Future Research", World Conference on Information Systems & Technologies, Springer, Cham.

蔡跃洲，经济学博士，现为中国社会科学院数量经济与技术经济研究所数字经济研究室主任、研究员，中国社会科学院大学应用经济学院教授、博士生导师，曾在中国社会科学院经济研究所、加拿大西安大略大学经济系从事博士后研究。主要研究方向为技术创新与经济发展、大数据分析与数字经济。在《中国社会科学》《经济研究》《管理世界》等学术期刊发表论文七十余篇，理论文章多次发表于《人民日报》《光明日报》《经济日报》等报刊；主持国家社会科学基金、国家自然科学基金、国家软科学等国家级项目；获中国社会科学院优秀对策信息特等奖、一等奖、二等奖，中国社会科学院优秀科研成果三等奖十余次。

马晔风，中国社会科学院数量经济与技术经济研究所数字经济研究室副主任、副研究员；清华大学工程物理系博士，清华大学经济管理学院博士后，哈佛大学肯尼迪政府学院访问学者（2012—2013 年）。主要研究方向为数字经济、制造业数字化转型、互联网发展与治理等。

陈楠，管理学博士，中国社会科学院数量经济与技术经济研究所数字经济室助理研究员。2021 年毕业于中国社会科学院研究生院技术经济及管理专业，主要研究领域包括人工智能对经济增长的影响、制造业数字化转型等。